Tomaten, Paprika und Auberginen

Peter Bauwens

Tomaten, Paprika und Auberginen

Inhalt

Paprika und Peperoni 40

Auberginen oder Eierfrüchte 60

Tomaten, Paprika und Auberginen

Sie sind so selbstverständlich in unserem täglichen Speiseplan eingebettet, dass es scheint, als seien sie immer schon dort gewesen. Und doch sind es Gemüse, die wir erst vor kurzem auf unsere Speisekarte aufgenommen haben. Wenn man diese Pflanzen und ihre Früchte selbst züchtet, merkt man erst, dass sie sich in unserem kühlen Klima nicht immer wohlfühlen. Jede dieser Pflanzen hat ihre eigenen Bedürfnisse, um erfolgreich Früchte tragen zu können. Alle drei sind sehr beliebt. Daher werden sie auf der ganzen Welt gezüchtet, woraus eine große **Vielfalt** entsteht. Und dann sieht man schnell, dass sie noch mehr Geschmack, Farbe und Verwendungsmöglichkeiten haben, als wir bislang wussten. Über jede dieser besonderen Pflanzen wollen Sie vielleicht etwas mehr **wissen** und lernen, wie man sie genau **aufzieht**. Darum erzählen wir aus ihrer Geschichte, zeichnen ein Bild ihrer Varianten und besonderen **Sorten** und servieren einige Vorschläge, wie man sie essen kann. Kurzum, eine solide Basis für eine erfolgreiche, überraschende, farbenfrohe und geschmackvolle Bekanntschaft.

Früchte aus einer Neuen Welt

Wir denken nicht immer daran, aber viele der uns vertrauten Gemüsesorten kommen ursprünglich aus völlig anderen Klimazonen. Es ist also nicht verwunderlich, dass sie bei uns nicht einfach so wachsen und ein bisschen mehr Aufmerksamkeit brauchen.

Der Ursprung unserer Grundnahrungsmittel liegt zunehmend in fremden und weit entfernten Gebieten. Der Grund liegt in unserer veränderten Art zu essen; wir essen und kochen schneller und verspielter als früher. Gemüse mit einem unverkennbaren Geschmack – wie das Trio Tomate, Paprika und Aubergine – passen zu unseren neuen Essgewohnheiten und unserer modernen Art zu kochen.
Sind Tomaten, Paprika und Auberginen eigentlich Früchte oder Gemüse? Eigentlich sind alle drei im botanischen Sinn „Beeren“: „eine Frucht, die sich aus dem Fruchtknoten einer Blüte entwickelt und die die entwickelten Samen in sich trägt“. Aber kulinarisch benutzen wir sie als Gemüse, als Basis einer Mahlzeit. Obwohl man eine Tomate auch mal so zwischendurch naschen kann.

Das industrialisierte Anbaugewerbe verlegte die Intensivzucht in Treibhäuser, um den Grundbedürfnissen der wärmeliebenden Pflanzen zu entsprechen. Der Liebhaber im eigenen Garten blieb dadurch buchstäblich im Regen bzw. in der Kälte stehen. Bis wir auch dort die kleinen Gewächshäuser und fantasievollen Folienkonstruktionen kennen lernten, mit denen wir den Pflanzen den nötigen Schutz bieten konnten.
Aber es bleibt eine Herausforderung, diese Pflanzen unter Glas oder Folie erfolgreich zu züchten. Die Mittel, die dem Gartenfreund zur Verfügung stehen, um zum Beispiel die Pflanzen aus dem Samen anzuziehen, sind bescheidener als die der professionellen Züchter.

Glücklicherweise sind Amateurgärtner nicht an das Gesetz von Angebot und Nachfrage gebunden und können in der enormen Vielfalt (offiziell sind etwa 14 000 Tomatensorten registriert) auf die Suche nach aparten Geschmacksnoten, anderen Farben oder Sorten gehen.
Wir können beispielsweise die Sorten wählen, die vielleicht weniger produktiv, weniger uniform, weniger haltbar und weniger einfach maschinell zu ernten sind; wir können uns dafür verlegen auf die Sorten, die länger tragen, die eine auffällige Form oder Farbe haben und vor allem ausgezeichnet schmecken.
So kann jeder eine sehr persönliche und eigenwillige Auswahl an Früchten treffen, die man nicht im Handel findet, perfekt angepasst an seine eigenen Anbauverhältnisse, den eigenen Boden und die persönlichen Geschmacksvorlieben. Wer ohne Gewächshaus arbeiten und ausprobieren will, ob man diese südlichen Pflanzen auch in unserem kühlen Klima anbauen kann, wählt vielleicht spezielle nördliche oder extra frühe Sorten, Arten mit kompaktem Wuchs und schnellem Fruchtansatz. Ohne große Hexerei muss man ab Juli Tomaten ernten und jedes Jahr eine gute Freilandernte an Auberginen und Paprika einbringen können. Dafür muss man aber bereit sein, sich von einigen eingerosteten Vorstellungen zu trennen. So sind Tomaten nicht immer rot und rund, es gibt andere Modelle als die klassischen quadratischen Paprika und man muss lernen, dass kleine Auberginen oft sehr fein im Geschmack sind. Vergessen Sie, was es in den Geschäften gibt, und probieren Sie etwas ganz anderes. Alles, was Sie dazu benötigen, finden Sie in diesem Buch.

Klassifikation: Reich: Plantae (Pflanzenreich) | Abteilung: Angiospermae (Bedecktsamer) | Klasse: Dicotyledoneae (Zweikeimblättrige) | Unterklasse: Sympetalae (mit verwachsenen Kronblättern) | Ordnung: Solanineae | Familie: Solanaceae | Gattung: Lycopersicon | Art: esculentum

Tomaten

Namen – Sprachen: Deutsch: Tomate, Paradiesapfel, Liebesapfel | Österreichisch: Paradeiser | Englisch: tomato, love-apple | Niederländisch: tomaat, liefdesappel | Französisch: tomate, pomme d'amour, pomme d'or, pomme du Pérou | Italienisch: pomodoro | Spanisch: tomate | Dänisch: tomater | Schwedisch: tomates, kõrleksõpple | Polnisch: pomidor | Ungarisch: paradicsom | Kroatisch: paradajz/rajcica | Rumänisch: patlagele rosii

Die Bekanntschaft mit der Tomate begann in Mexiko. Aus unbekannten Gründen (oder aufgrund einer Verwechslung) wurden die Früchte anfangs **Mala peruviana** oder Peruapfel genannt. Das änderte sich schnell, als der ursprüngliche aztekische Name **Tomatl**, Tomate oder Tomata die Oberhand gewann und sich zur uns bekannten Bezeichnung Tomate entwickelte. Das lateinische Wort Lycopersicon heisst übersetzt Wolfspfirsich. Der Ruf der Tomate, giftig zu sein, der auf ihrer Verwandtschaft mit den tödlichen Nachtschattengewächsen (ebenso tödlich wie Wölfe) beruht, und ihre runde Form, die einem Pfirsich ähnelt, gaben den Anlass zu diesem ungewöhnlichen lateinischen Namen.

Die Geschichte der Tomate

Die ersten Tomaten glichen den Tomaten, wie wir sie heute kennen, ganz und gar nicht. Die pommo d'oro war nicht rund, sondern unregelmäßig geformt, und von einer roten Farbe konnte nicht die Rede sein.

Es war Columbus, der uns die Tomate brachte. Aber schon lange vor seinen Entdeckungsreisen war die Tomate in Mittel- und Südamerika bekannt. Das ursprünglich „kräftig wachsende und wuchernde Unkraut" wurde von der einheimischen Bevölkerung schon viele Jahrhunderte gezüchtet und selektiert. Die ersten Beschreibungen der Conquistadores der „ungepflegten und hässlichen Pflanzen" waren nicht positiv, aber die farbigen Früchte fanden sie sehr beeindruckend. Die ersten Aufzeichnungen nannten weiße, gelbe, orange und rote, merkwürdig geformte, gerippte und eingeschnittene Früchte. Erst 1700 beschrieb Pitton de Tournefort eine „Lycopersicum rubro, non striato", eine rote, runde Tomate. In dieser Farbe und Form eroberte die Frucht schließlich die Welt.
Von Spanien aus reiste die Tomate mit den Mauren nach Marokko und von dort wurde sie von Seeleuten mit nach Italien genommen. Sofort tauchte eine ganze Reihe von Namen auf: pomo d'oro (aufgrund der früheren goldgelben Farbe), pommo de moro (nach den Mauren benannt), bis ein verliebter Franzose pomme d'amour daraus machte, Liebesapfel. Wahrscheinlich war eine rote Variante dafür verantwortlich.

Die damals geltende Signaturlehre verglich die Form der Pflanze oder Frucht mit ihrer Anwendung und durch die auffällige Farbe und Herzform wurde die Tomate ein beliebtes Aphrodisiakum. Aber die Verwandtschaft der Tomate mit den anderen giftigen Nachtschattengewächsen sorgte dafür, dass sie einige hundert Jahre in Vergessenheit geriet. Nicht zu Unrecht übrigens, denn die Tomate enthält Solanin, eine ziemlich giftige Substanz, die bei der Reife aus den Früchten verschwindet, in den Blättern und Stängeln aber bleibt. Grund genug, diese Pflanzenteile unbenutzt zu lassen, obwohl man aus ihnen einen prächtigen gelben Farbstoff herstellen kann. Solanin kann gegen Hautpilze und Auszüge aus Tomatenblättern können als Schimmelbekämpfer genutzt werden.

Die Italiener, auf der Suche nach Abenteuer und Leidenschaft, waren die Ersten in Europa, die die Tomate zum Verzehr nutzten. Italien hatte das perfekte Klima und gegen Ende des 16. Jahrhunderts war eine Mischung aus Tomaten, gekocht mit Olivenöl, Pfeffer und Salz ein beliebtes Gericht. Die Engländer und Franzosen waren argwöhnischer. Die Pflanze hatte in ihren botanischen Gärten eine gewisse Popularität, aber eher als auffällige botanische Rarität. Die Emigranten, die die Neue Welt bevölkerten, nahmen ihre Vorurteile mit, und der lustanregende und giftige Ruf der Tomate gaben der Pflanze keine Chance. Thomas Jeffersons Garden Book von 1781 vermeldet als Erstes die Tomate als „vollwertiges Gemüse", aber die Mehrheit der Bevölkerung sah sie als „teuflische Frucht".

In Amerika war Oberst Robert Gibbon Johnson, ein Exzentriker, die Vorurteile gegenüber der Tomate leid. Er beschloss, am 26. September 1820 öffentlich einen Korb voller Tomaten auf den Stufen des Gerichtsgebäudes von Salem, New Jersey, zu verspeisen. Gut 2 000 Interessierte strömten herbei, um – wie der persönliche Leibarzt des Obersts nach dem damaligen Stand der Kenntnis behauptete – zu sehen, wie der Verzehr der Früchte zu Schaum auf den Lippen, akuter Blinddarmentzündung, hohem Blutdruck und Fieber führen würde. Der Oberst aß den Korb mit Tomaten mit großem Appetit auf und lebte bis zum respektablen Alter von 76 Jahren und räumte ein für allemal mit den Vorurteilen gegenüber der Tomate auf.

Im Jahre 1820 bot die Landreth Seed Company die ersten Tomatensamen an und über tausende kleine Gärten verbreitete sich die Popularität schnell. Gestützt von einer ganzen Reihe positiver Eigenschaften (Tomaten waren gut bei Verdauungsstörungen, Durchfall, Leberkrankheiten und vorbeugend gegen Cholera), war der Erfolg nicht mehr zu stoppen. Um 1850 beklagten sich englische Touristen über die Allgegenwärtigkeit der Tomate in der amerikanischen Küche. Frische Tomaten waren über einen langen Zeitraum verfügbar und der Erfindungsgeist der Neuen Welt sorgte für Dosentomaten, das erste Ketchup und die weltberühmte Campbell Soup. Auch in Europa wurde die Tomate populär.

Das Interesse an dem Gemüse regte Samenbetriebe und Züchter an. Um 1900 gab es ein großes Angebot an hunderten bunten, groß- und kleinfrüchtigen Sorten mit unterschiedlichen Geschmacksnoten und Wachstumsarten.

Botanisches

Die Tomate ist eine frostempfindliche mehrjährige Pflanze, die wir fast immer wie eine einjährige behandeln. Die kräftig wachsende Pflanze hat bescheidene gelbe Blüten, sehr unterschiedliche Blattformen, verschiedene Wuchsformen und muss durch Beschneiden und Anbinden im Zaum gehalten werden.

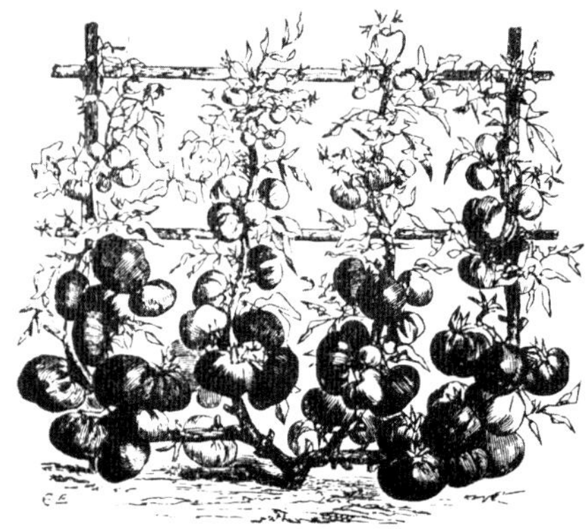

Tomaten wachsen kräftig. Es gibt kompakte Strauchformen, die weit unten verzweigen und deren Stängel nur eine begrenzte Länge erreichen. Meist kann die Strauchform, ohne gestutzt zu werden, auswachsen und kriecht etwas über den Boden. Daneben gibt es starke Sträucher, die aus drei oder vier Seitentrieben eine beträchtliche Höhe erreichen können. Bei diesen Sorten kann man am besten die verschiedenen Triebe stützen und führen, um sie ordentlich und übersichtlich zu halten. Die meisten Tomaten haben allerdings eine unbegrenzte Wuchskraft und werden somit auch als Kletterpflanze behandelt. Die Seitentriebe, die aus den Blattachseln sprießen, werden im Frühstadium ausgebrochen (ausgegeizt) und die Tomatenpflanze wird ordentlich mit dem Haupttrieb an einen Stützpfeiler gebunden. Nach der Bildung von drei, vier oder fünf Fruchtformen (abhängig von Standort, Art und Wärme) werden die Pflanzen gestutzt. Der oberste Vegetationspunkt wird abgebrochen, um den Längenwuchs zu stoppen und die Bildung und Reifung der Früchte zu fördern. Die Blüten der Tomate sind gelb, ab und zu mit etwas hellerem Farbton. Die Blätter können von Hellgrün bis zu einem tiefen Dunkelgrün variieren, manchmal mit einem blauen Schimmer. Es gibt kompakte, kräftige Rugosablätter (gekräuselt, rugosa heißt faltig, runzlig) mit dicken Nerven, die man häufig bei kompakten Strauchformen mit kräftigem Haupttrieb und gedrungenem Wuchs findet. Einige Sorten haben andere Blätter. Sie können tief eingeschnitten sein (wie Farnblätter) oder geringere Einschnitte aufweisen (wie Kartoffelblätter). Kleinfrüchtige Sorten haben häufig ein kleineres Blatt, lockere Sträucher haben meist ein Blatt mit einer schwa-

chen Struktur. Starke, späte und großfrüchtige Sorten können große und schwere Blätter entwickeln. Die Früchte variieren von klein (0,5 cm) bis groß und können auch mehr als ein Kilo pro Frucht wiegen. Tomaten können rund, oval, länglich, quadratisch, birnenförmig und/oder gerippt sein. Die Farbe der Früchte variiert von Elfenbein, Gelb, Orange, Rot, Rosa, Lila und Violett bis Braun und Schwarz. Und es gibt auch reife grüne Früchte und Tomaten mit Streifen in den Farben Gelb-Grün, Rot-Gelb, Orange-Rot, Orange-Gelb und Schwarz-Grün. Es gibt sogar dreifarbige Tomaten und Sorten, die innen eine andere Farbe haben als außen.
Wuchsarten, Blatt- und Fruchtform sowie Farbe können endlos kombiniert werden. Und dabei haben wir noch nicht über den Geschmack gesprochen. Der kann süßlich, sauer, aromatisch oder fade sein. Aber das ist eben Geschmackssache.

Saatzucht

Tomaten sind Selbstbefruchter und kreuzen sich nur selten (einige wilde Arten bilden da eine Ausnahme). Um Saat zu gewinnen, kann man also Früchte von Pflanzen benutzen, die nebeneinander gestanden haben. Man erntet dafür reife oder überreife Früchte, die keine Krankheiten zeigen. Tomatensaat wird präpariert, indem man die Samen mit dem Fruchtfleisch einige Tage schimmeln lässt. Die ganzen Früchte, schön ausgereift, überreif oder sogar faul, werden dafür erst mit dem Stabmixer zerkleinert und anschließend in einer offenen Schale an einen warmen Ort gestellt. Man muss täglich umrühren, um den Schimmel, der sich darauf gebildet hat, wieder zu verteilen. Nach drei Tagen wird alles in einer größeren Schüssel intensiv mit warmem Wasser ausgespült. Die Schalen, das Fruchtfleisch und die untauglichen Samen setzen sich an der Oberfläche ab; was unten bleibt, sind die tauglichen Samen. Gießen Sie die Mischung ab, fangen Sie die Samen auf und spülen Sie sie noch einmal in einem Sieb durch. Lassen Sie die Samen danach auf einem Stück Papier an einem warmen Ort trocknen. Tomatensamen sind an einem kühlen, dunklen Ort sieben bis zehn Jahre haltbar.

Aufzucht

Säen

Wer besondere Tomaten ernten will, ist fast verpflichtet, sein eigenes Pflanzgut heranzuziehen. Um Tomatensamen schnell keinem zu lassen, braucht man eine konstante Temperatur von etwa 20 °C. Im Freiland säen klappt nicht, da wir diese Temperaturen erst mitten im Sommer haben und wir für eine anständige Ernte einen ordentlichen Vorsprung auf die Jahreszeiten brauchen. Wir müssen also drinnen, bei Zimmertemperatur, oder in einem beheizten Gewächshaus oder Wintergarten vorsäen.

Besonders früh zu säen hat keinen Sinn, weil man dann schon Jungpflanzen hat, aber das Licht noch nicht ausreicht. Ein schöner Saattermin ist der 15. März. Wer ein beheiztes Gewächshaus hat, kann zwei Wochen früher beginnen. Wer nur über eine nicht allzu sonnige Fensterbank verfügt, sollte lieber bis Ende März warten. Die Samen ungefähr einen Zentimeter tief und einen Zentimeter auseinander aussäen, in normale Anzuchterde. Einmal vorsichtig gießen reicht. Ein Saatkasten ist ideal, aber man kann die Sämlinge auch mit einer Glasplatte oder einer Plastikfolie abdecken. Regelmäßiges (tägliches) Belüften ist wichtig. In der ersten Woche müssen die Saatkästen an einem Ort mit 20 bis 25 °C stehen, beispielsweise über einem Heizkörper. Sobald die Jungpflanzen aus der Erde gekommen sind (abhängig von der Temperatur und der Frische der Samen nach fünf bis zehn Tagen), können sie auf einer hellen Fensterbank bei einer Temperatur zwischen 15 und 20 °C stehen.

Aufzucht

Junge Sämlinge bilden erst zwei ovale Keimblätter, denen recht schnell die ersten echten Blätter folgen. Indem man sie 1 cm auseinandersät, können sie schön auswachsen. Tagsüber wachsen sie ohne Abdeckung, aber nachts sollte man den Kasten schließen oder die Pflanzen mit einer Plastikfolie abdecken, um Wärme und Feuchtigkeit zu halten. Mit Wasser sollte man sparsam umgehen: lieber täglich besprühen als zu viel gießen. Licht ist lebensnotwendig: Auf einer Fensterbank ist das Licht sicher nicht perfekt, die volle Sonne ist oft zu heftig. Der Kasten mit den Sämlingen sollte täglich gedreht werden, damit die Pflanzen nicht nur in eine Richtung wachsen. Licht von oben (Gewächshaus/Wintergarten) ist also ideal.

Wenn die jungen Tomatenpflanzen ihre ersten echten Blätter gut entwickelt haben (Anfang April), wird es Zeit, sie zu pikieren. Dafür holt man die einzelnen Pflanzen samt Wurzeln mit einem Stäbchen vorsichtig aus dem Boden und pflanzt sie einzeln in 5 bis 7 cm große Töpfe. Die Pflanzen dürfen jetzt etwas tiefer in die Erde, direkt bis unter die ersten echten Blätter. Dadurch kommt ein Stück Stängel mit unter die Erde, an dem sich neue Wurzeln entwickeln, und die geben der Pflanze neue Wuchskraft. Die einzelnen Töpfe stellt man nun in eine Plastikschale, damit man sie von unten wässern kann.

Sorgen Sie für viel Licht und drehen Sie die Pflanzen regelmäßig. Eine warme Frühlingssonne können sie jetzt gut vertragen und man muss sie nachts nicht mehr abdecken. Mitte April sollten die Jungpflanzen schon gut ausgebildet sein und sie werden ein zweites Mal umgetopft. Wir holen sie vorsichtig aus ihren Töpfen, ohne die Wurzeln zu beschädigen, und topfen sie in etwas größere Töpfe mit 9 bis 12 cm. Auch jetzt pflanzen wir sie etwas tiefer ein mit einem Stück

Stängel unter die Erde. Die Pflanzen bekommen so etwas mehr Platz und reichlich Licht. An warmen Tagen kann man sie nach draußen stellen, nachts müssen sie wieder hinein. Um den 15. Mai sind die Pflanzen etwa 20 bis 30 cm groß und haben erste Blüten an der Spitze. Fertig, um ausgepflanzt zu werden.

Feuchtigkeit Tomaten mögen nicht zu viel Feuchtigkeit. Sowohl zu viel Wasser an den Wurzeln als auch eine zu hohe Luftfeuchtigkeit sind schlecht und verursachen Krankheiten, Schimmel und Probleme. Gießen Sie großzügig, aber nicht zu oft. Sorgen Sie dafür, dass der Boden zwischendurch trocknet und dass die Umgebung trocken ist.

Topferde Die Erde, in der man sät, aufzieht und die man evtl. den Rest der Saison als Topferde benutzt, sollte nicht zu nährstoffreich, aber locker sein. Humusreicher Kompost und Kokosfasern zu gleichen Teilen, gemischt mit 2 % Meeresalgen, 5 % Lehm und 10 % Kies oder Lavamehl geben ein gutes Ergebnis.

Nahrung Tomaten bevorzugen einfache Nahrung. Einmal im Garten, kommen sie mit einer Gabe Kompost eine ganze Saison aus. Zusätzlicher Dünger sorgt meist für stärkere Blattentwicklung auf Kosten der Fruchtbildung. Indem man mäßig düngt, entscheidet man sich für kleinere, gedrungene Pflanzen mit frühen, reifen und leckeren Früchten.

Auspflanzen

Natürlich wollen wir die Pflanzen so schnell wie möglich an ihren endgültigen Platz im Garten setzen. Der 15. Mai ist ein traditioneller Zeitpunkt, weil dann die letzten Nachtfröste vorüber sind. Aber alle Jahre sind unterschiedlich, achten Sie also auf das Wetter und die Wetterberichte. Vor allem die Nächte sind ausschlaggebend. Eine Periode mit Frühjahrsregen und Nachttemperaturen unter 10 °C ist nicht ideal, und es ist vernünftig, mit dem Auspflanzen noch eine Woche zu warten. Man pflanzt aus, indem man die Pflanzen vorsichtig aus den Töpfen holt und sie wieder etwas tiefer einpflanzt. Pro Pflanze gibt man einen guten Eimer Kompost dazu. Der Pflanzabstand hängt von der Tomatensorte ab. Sträucher kommen etwas näher zusammen, Kletterpflanzen etwas weiter auseinander. 50 cm x 50 cm ist ein guter Durchschnitt. Man kann den Boden um die Jungpflanzen herum sofort schön abdecken (s. Bodenabdeckung, S. 85) und jede Pflanze bekommt einen vollen Eimer Wasser. Pflanzen unter Glas werden auch um den 15. Mai ausgepflanzt, allerdings kann man auch riskieren, sie eine Woche früher auszupflanzen. Bei drohendem Nachtfrost kann man zusätzlich heizen: Mit einigen Kerzen kann man ein kleines Gewächshaus eine Nacht frostfrei halten. Auch unter Glas sind Kompost und Wasser gut für den Anfang und eine Bodenabdeckung ist ideal, um die Feuchtigkeit in der Erde zu halten und die Luftfeuchtigkeit und die Verdunstung zu begrenzen.

Besondere Tomaten

Einer der größten Trümpfe der Tomaten ist ihre Vielseitigkeit. Dadurch gibt es für fast jede Situation eine geeignete Sorte.

Nährwert: roh, pro 100 g
Wer auf der Suche nach mehr Inhalt pro Tomate ist, kann 'Carotine' und 'Caro Rich' als Sorte ausprobieren. Sie enthalten 10-mal mehr Karotin als eine normale Tomate. Wer also lieber Tomaten als Möhren isst, findet hier die Lösung!

Wasser: 92,3–91,7 g | Kalorien: 17 | Protein/Eiweiß: 1,1 g | Fett: 0,2 g | Kohlehydrate: 2,6 g | Ballaststoffe: 1 g | Kalzium: 11 mg | Eisen: 0,5 mg | Magnesium: 14 mg | Phosphor: 18 mg | Kalium: 242 mg | Natrium: 3 mg | Vit. C: 24 mg | Vit. B1, Thiamin: 0,06 mg | Vit. B2, Riboflavin: 0,04 mg | Vit. B3, Niacin: 0,5 mg | Vit. A: 0,084 mg

Superfrühe Tomaten

Es ist eine Herausforderung, mitten im Sommer Tomaten ernten zu können statt im Herbst. Einfach weil man im Juli und August bei den sommerlichen Temperaturen mehr Lust auf Tomaten hat. Die frühreifen Strauchtomaten sind dafür perfekt. Diese Sorten pflanzt man einfach nach draußen. Sie wachsen ohne Stützpfähle und man braucht sie nicht auszugeizen. Setzen Sie sie 30 bis 40 cm auseinander und bedecken Sie den Boden ordentlich mit Stroh. Mehr braucht man nicht zu tun – nur warten, bis man ab Anfang Juli ernten kann. Das Einzige, wofür man sorgen muss, ist ein Regenschutz. Ein vereinzelter Sommerregen ist nicht problematisch, aber drei oder mehr Tage Dauerregen schon. Basteln Sie für solche Tage einen Regenschirm, indem Sie aus Rohren mit Plastikfolie darüber einen kleinen Tunnel bauen, wie man sie manchmal auch bei Erdbeeren sieht. Frühe Sorten sind ideal, um unbeschwert mitten im Sommer ernten zu können. Ein Vorteil ist auch, dass alles geerntet ist, wenn Ende August die ersten Herbstregen kommen. Geeignete Sorten sind unter anderem: 'Ida Gold', 'Siberian', 'Scotia', 'Subarctic', 'Northern Delight' und 'Glacier'.

Mikro-Tomaten

Für viele Menschen, die ohne Garten auskommen müssen, ist die Aufzucht von Tomaten in einem Topf eine gute Lösung. Erneut kann die Tomate hier Punkte für sich verbuchen.

Fast alle Sorten kann man auch im Topf heranziehen, aber bei einem begrenzten Volumen Erde sollte man am besten eine nicht so stark wachsende Tomate wählen. Die frühen Strauchtomaten, kleinfrüchtige und kletternde Sorten, aber vor allem kompakte Sträucher mit den kleinen Kirschtomaten sind bei diesen Voraussetzungen ideal. Aber es geht auch noch ein bisschen extremer, indem man Mikro-Tomaten nimmt.

Sorten wie 'Micro-Tom', 'Micro-Tina', 'Micro-Gemma' und 'Florida Petite' erreichen als Pflanze eine Höhe von nur 10 bis 15 cm und produzieren fröhliche, superkompakte Sträucher voll putziger Früchtchen.

Der besonders kompakte Wuchs und eine üppige Blüte erlauben eine superschnelle Ernte, auch wenn diese natürlich sehr begrenzt ist.

Besonders späte Ernte

Ein anderes Extrem sind die späten oder superspäten Tomaten oder besser gesagt die lang haltbaren Sorten. Von vielen Sorten kann man einfach die letzten Früchte unreif ernten und auf einer kühlen Fensterbank nachreifen lassen. Mit ein bisschen Glück kann man es bis Neujahr schaffen. Will man noch weiter experimentieren, kommt man zu den lang haltbaren Sorten, für die die treffend benannte Sorte 'Longkeeper' ein schönes Beispiel ist. Sie ist eine Sorte, die man unter Glas züchtet. Man erntet in der mittleren Ernteperiode, also weder früh noch spät. Die Früchte sind rosa und sollten nicht vollständig gefärbt sein. Man erntet die Tomaten vorsichtig und legt sie, traditionell einzeln in Papier verpackt, an einen kühlen Ort. Auf diese Art können die Früchte drei bis vier Monate aufbewahrt werden. Man holt einzelne aus der Verpackung und gibt ihnen ein paar Tage Zimmertemperatur, um zu erwachen. So kann man sie von Januar bis März verwenden. Es ist schön, sich einen eigenen Wintervorrat an frischen Tomaten anzulegen, allerdings ist ihr Geschmack mit denen vergleichbar, die man in dieser Zeit auch im Laden kaufen kann. Aber das gute Gefühl der eigenen Ernte zählt natürlich auch.

Wachsen

Tomaten wachsen schnell. Die Sorten, die als Strauch wachsen, brauchen kaum Aufmerksamkeit. Sie verzweigen sich schnell und schon einen Monat später erscheinen eine ganze Reihe gelber Blüten und die ersten unreifen Früchte. Bei Sträuchern ist eine gute Bodenabdeckung wichtig; Sie hält die Pflanzen, die oft auf der Erde liegen, sauber und trocken. Die Kletterpflanzen bekommen beim Auspflanzen einen Stützstab. Es gibt spezielle Wuchsspiralen, man kann aber auch Bambusstäbe nehmen. Im Gewächshaus kann man kräftige Schnüre verwenden, die man unterm Dach und unten am Fuß der Pflanzen festbindet. So können sich die Pflanzen beim Wachsen um die Schnüre winden. Bei diesen Tomaten müssen regelmäßig (wöchentlich) die jungen unerwünschten Achseltriebe, die im Frühstadium (3 bis 4 cm) an der Pflanze entstehen, ausgegeizt werden. Man behält also nur einen Haupttrieb ohne Seitentriebe. Man muss nur aufpassen, dass man die Blüte nicht für einen unerwünschten Achseltrieb hält. Kletterpflanzen kann man wachsen lassen, bis sie drei (Freiland) oder fünf (Gewächshaus) Trauben übereinander haben. Nach der fünften Traube werden die Pflanzen „geköpft": Man entfernt dann einfach den Vegetationspunkt, sodass die Pflanze nicht weiter wächst.

Ernten

Über den Erntezeitpunkt entscheidet die Farbe. Die kräftigen Farben zeigen, dass sie nun am besten sind. Die frühesten Sorten können im Juli und August geerntet werden, die mittleren Sorten im August/September und die großfrüchtigen und aromatischen, großen, späten Sorten, die im Gewächshaus gezogen werden, im September und Oktober. Man nimmt eine Tomate einfach in die Hand und bricht sie vorsichtig vom Stängel ab.

Im Topf

Alle Tomaten wachsen auch gut im Topf, aber den größten Erfolg erzielt man mit kompakt wachsenden Sorten mit etwas kleineren Früchten. Ihre begrenzte Größe steht nämlich in einem guten Verhältnis zu der bescheidenen Menge Erde, die ein Topf enthält. Die kleinsten Sorten Mikro-Tomaten fühlen sich in einem Topf mit 15 cm Durchmesser wohl, aber die meisten Strauchtomaten benötigen 20 bis 25 cm. Mikro-Tomaten (siehe vorherige Seite) können sogar auf der Fensterbank gezogen und geerntet werden. Außer regelmäßigem (täglichem) Gießen benötigen sie einmal pro Woche ein bisschen Zusatznahrung im Gießwasser.

Sorten

Tomaten sind außerordentlich beliebt und werden von Sibirien bis in die Tropen gezüchtet. Diese große Popularität hat zu tausenden von Sorten geführt, jede mit ihren besonderen Eigenschaften. Es gibt Tomaten in sieben Farben, von kaum einem halben Zentimeter Größe bis zu Früchten mit mehr als einem Kilo Gewicht und drei verschiedene Wuchsarten. Wenn man diese Werte miteinander kombiniert, kommt man zu einer ungeahnten Vielfalt. Selektieren wird dann notwendig. So entstanden Variationen, die für die Topfzucht geeignet sind, frühe Sträucher, die man erfolgreich draußen ziehen kann, Sorten mit besonderem Geschmack oder mit ungewöhnlichen kulinarischen Möglichkeiten oder reiche aromatische Früchte, die unter dem Schutz von Glas gezogen werden müssen.

Abenteuerlich grün

Was halten Sie von grünen Tomaten? Wir assoziieren mit der Farbe schnell unreif und geschmacklos. Und doch fehlt diesen „grün bleibenden“ Sorten nur die Farbe der anderen. Sie sind anfangs ebenfalls unreif und graugrün, aber sie reifen zu einem hellen gelb-grünen Ton. Man muss nur fühlen: Wenn die Früchte weich sind, darf man sie ernten. Die größte Überraschung bietet aber nicht die Farbe, sondern der ausgesprochen süße Geschmack. Also einfach wagen und in vollen Zügen genießen. Grüne Tomaten sind ideal roh im Salat. Es ist fast eine Sünde, sie zu kochen.

Green Grape: Bescheiden im Umfang, ein Durchmesser von 3 cm ist schon viel. Nicht sehr ertragreich, aber mit himmlischem Geschmack. Kann vollständig reife Rispen bilden. Kletterpflanze oder, ohne gestutzt zu werden, wuchernder Strauch. Am besten im Gewächshaus ziehen.

Lime Green Salad: Kompakte Wuchsform mit dicken gekräuselten Rugosablättern. Mittelgroße, frühe Früchte. Geeignet fürs Freiland (sorgen Sie für Regenschutz) und ideal für Töpfe.

Evergreen: Die größte der grünen Tomaten. Breite, späte Fleischtomate mit süßem Aroma. Geeignet fürs Gewächshaus. Reift im September und ist mäßig produktiv.

Thompson Grape: Eine Variante der ‘Green Grape’ mit etwas größeren Rispen und etwas unregelmäßiger Fruchtform. Kletterpflanze unter Glas. Besonders fruchtiger Geschmack.

Italien-Manie

Können wir über Tomaten reden, ohne in Italien zu landen? Nein, natürlich nicht! Das Land der pomodoro ruft Erinnerungen wach an herrliche, ein bisschen eigensinnige, längliche Früchte, die die Grundlage mediterraner kulinarischer Köstlichkeiten bilden. Es scheint, als ob alle Tomaten in Italien die typische Form haben, aber das Land von Pizza und Spaghetti hat eine reiche Tradition an verschiedenen Tomaten, allerdings bleiben sie fanatisch bei der roten Farbe.

Roma: Vielleicht die Bekannteste aus der Reihe. Halbhoher Strauch mit gutem Ertrag und feinem Geschmack. Aus gutem Grund beliebt. Muss geschützt gezogen werden.

Aroma Red: Eine der zahlreichen „Verbesserungen" der 'Roma' (als ob es etwas zu verbessern gäbe), etwas höherer Ertrag, etwas mehr Geschmack. Halbhoher Strauch.

King Humbert: Eine der ältesten Sorten, die oft erwähnt wird. Ertragreicher, niedriger Strauch. Ideale Saucen-Tomate. Wird im Gewächshaus oder geschützt im Freiland angebaut.

Repreco Paste: Tausende italienische Emigranten haben natürlich auch für Neuheiten gesorgt, wie diese relativ junge Sorte mit hohem Ertrag und etwas saftigerer Frucht. In Saucen und Salaten gut zu verwenden.

Napoli Pasta: Jeder Landstrich und jeder Ort in Italien hat seine eigene Sorte. Diese Sorte verrät ihre Herkunft und Anwendung in ihrem Namen.

Dix doigts de Naples: Trotz ihres französischen Namens ist dies die italienischste aller länglichen Sorten. Extra lang, extra trocken, extra ertragreich. Verlangt etwas mehr im Hinblick auf Boden und Temperatur. Prächtige Rispen mit sieben bis zwölf fingerförmigen Früchten.

Marzano Gigante: Einziger gefürchteter Konkurrent der 'Roma' ist die fast ebenso berühmte 'San Marzano'. Diese 'gigante' bildet eine großformatige Tomate an einer kräftigen, hohen Pflanze. Die meisten klassischen 'San Marzanos' bilden niedrige breite Sträucher.

Fröhlich orange und gelb

Zwei Farben, die den überbekannten roten nahestehen, aber aus der Tomate doch etwas Besonderes machen. Die gelbe Tomate ist weich und vielleicht etwas weniger saftig, die orangefarbene fruchtig, saftig und geschmackvoll. Oft sind diese Farben fruchtiger und süßer als die klassischen Sorten, weshalb man sie in auffälligen Salaten gern verwendet.

Wonderlight: Auffällige, hellgelbe Tomate mit süßem, vollem Geschmack, mittlere Erntezeit, Kletterpflanze, nur fürs Gewächshaus.

Lemon Tree: Ertragreiche Pflanze mit großen Rispen voller mittelgroßer Früchte. Frisch-süß und fruchtig. Kletterpflanze. Fürs Gewächshaus.

Marmande Jaune: Hellgelbe Version der traditionellen französischen 'Marmande'. Ertragreich, saftig und süß. Mittlere bis frühe Ernte. Halbhohe Kletterpflanze.

Old Yellow Candystriped: Kräftiger Wuchs mit mittelgroßen, flachen Früchten, manchmal mit rosa Streifen. Leicht sauer und fruchtig. Kletterpflanze, geeignet fürs Gewächshaus.

Gelbes Birnchen: Gegenstück zum 'Roten Birnchen'. Witzige, kleine, kräftige Tomaten. Ziemlich trocken und mäßig ertragreich. Mittlere Ernte. Kletterpflanze, geeignet für Topfzucht.

Gelbes Birnchen: (Variante) Die kleinen birnenförmigen Sorten sind nicht immer stabil und bilden oft Pflanzen mit abweichender Fruchtform. Diese fast tränenförmige Variante ist etwas ertragreicher als die Originalsorte. Mittlere Ernte, produktive Kletterpflanze.

Siberian Golden: Dunkelgelbe bis orange, birnenförmige Früchte. Kompakte Pflanze, halbhohe Strauchform. Ertragreich und früh. Mild, für Saucen geeignet. Wird geschützt im Freiland aufgezogen.

Orange King: Große, breite und flache Früchte in schönem Orange. Angenehm und süß im Geschmack, mäßig ertragreich. Mittlere bis späte Ernte. Kletterpflanze.

Caro Rich: Die berühmteste orange Tomate. Die frische Möhrenfarbe verrät den hohen Gehalt an Karotin. Leckerer „voller" Geschmack. Mittlere Ernte und mäßig ertragreich. Kletterpflanze fürs Gewächshaus. 'Caro Rich' und 'Carotina' enthalten zehnmal so viel Karotin wie eine normale Tomate.

Caroletta: Kompakter Strauch, ideal für Töpfe und Körbe. Niedliche Früchte mit Spitznase, süßlich.

Orange Banana: Eine der schönsten Tomaten in einer Aprikosenfarbe. Schöne, ovale Form. Der Geschmack ist mild und fruchtig und im Gegensatz zu vielen anderen 'Banana'-Sorten sehr saftig. Ertragreiche Kletterpflanze. Mittlere Ernte.

Jaune Flammé: Frühe Tomate französischer Herkunft fürs Gewächshaus. Auffallend ertragreich, sehr saftig und fruchtig. Kletterpflanze.

Ida Gold: Der absolute Spitzenreiter für die Zucht draußen. Lockere, unordentliche Sträucher, die man mit 30 cm Abstand in eine Reihe pflanzen kann. Liefert ab Juli reife Früchte, ohne dass man sie stutzen oder stützen müsste. Süße, frisch-saure 4 bis 5 cm große Früchte.

Klein und fein

Wer hätte es vor ein paar Jahren gewagt, die enorme Popularität dieser kleinen Früchte vorherzusagen? Sie wurden erst kaum ernst genommen, aber jetzt sind sie unglaublich beliebt. Es gibt eine große Auswahl: Es gibt unordentliche und etwas primitive Beerentomaten oder Pimpinellifolien, die hunderte kleinster Früchte liefern. Im Gewächshaus sind sie stark wachsende Pflanzen mit hunderten von Früchten an einer Rispe. Aber es gibt auch kompaktere Sorten, ideal für den Balkon oder die Terrasse.

Oliventomate: Niedlicher, kräftig wachsender Strauch. Kann am besten im Garten an Maschendraht wachsen. Verträgt Regen und ist sehr ertragreich. Ovale, saftige Früchte, die man einfach so vom Strauch naschen kann. Geheimtipp.

Yellow Currant: Das gelbe Gegenstück zur ‘Red Currant’. Etwas trockener und süßer, aber sonst genauso wuchernd und ertragreich. Fürs Gewächshaus.

Mitte
Japonaise Basse: Kompakter Strauch, ideal für Topfzucht. Neutral und süß mit festem Fruchtfleisch. Wächst gut. Frühe Sorte fürs Freiland.

Birdie: Superkompakter Strauch, für kleine Töpfe, Kästen oder Hängekörbe geeignet. Wächst problemlos. Süße, gelbe Früchte. Frühe Sorte fürs Freiland.

Red Currant: Kleine, niedliche „Beeren“-Tomaten. Kaum einen halben Zentimeter groß, aber voller Geschmack. Lockerer, wuchernder Strauch. Ideal als Hängepflanze in einem hohen Topf.

Elfin: Kleine, längliche Früchte, die schön in vollständigen Rispen reifen. Lockere Strauchform, extra früh und ertragreich. Geeignet fürs Freiland, in Töpfen und Hängekörben.

Garden Pearl: Gesunde, kompakte Pflanze mit rosaroten Kirschtomaten. Lecker süß und saftig. Für Freiland und Topf.

Sweet Yellow: Zuckersüße Früchte in Weißgelb an halbhohem Strauch. Platzen nicht schnell auf.

Millefleur: Rispen mit hunderten saftigen, süßen, gelben Früchten sind keine Ausnahme. Die Pflanze wächst kräftig, ist sehr ertragreich bei mittlerer Ernte. Kletterpflanze fürs Gewächshaus.

Fruty: Quasi der Standard der feinen, süß schmeckenden Kirschtomate, gemeinsam mit der ihr gleichenden 'Gardener's Delight'. Früh, ertragreich und schön an der Rispe reifend. Kletterpflanze.

Cherisita: Stark wachsende, hohe Pflanze, die bis zum Frost aushält. Schöne, lange Rispen, gut gefüllt. Guter Säuregehalt. Fürs Gewächshaus.

Green Grape: Die Süßeste aller Tomaten. Außen gelb-grün, innen hellgrün. Mittlere Erntezeit im Gewächshaus. Mäßig ertragreich. Geschmacklich rein, farblich beeindruckend.

Schwarze Tomaten

Wie weit darf man mit verrückten Farben gehen? Oder sollten wir eher von Farbtönen sprechen? Schwarz darf man nicht ganz wörtlich nehmen, aber auffällig und sehr dunkel sind diese Tomaten auf jeden Fall. „Schwarze" Früchte haben sowohl bei den großen als auch bei den kleinen Sorten ein auffälliges Aroma und einen intensiven Geschmack, den jeder zu würdigen weiß. Die dunkle Farbe macht sie ideal für dunkle Gerichte, schwere Saucen und Suppen sowie – natürlich einfach aufgrund ihrer Farbe – in auffälligen Salaten.

Black Cherry: Auffallend ertragreiche Pflanze, beladen mit schönen Rispen voll kräftiger Kirschtomaten. Kletterpflanze fürs Gewächshaus.

De Barro Black: Kräftig im Wuchs, trägt bis zum Frost. Braun-rote, pflaumenförmige Früchte, lecker und ertragreich.

Black Krim (Schwarze von der Krim): Für Liebhaber großer Früchte gibt es diese auffällige, dunkle Sorte. Das bedeutet auf jeden Fall Zucht im Schutz von Glas oder Folie, mit einer späteren Ernte. Nicht allzu ertragreich. Die Früchte haben aber noch mehr Geschmack und Aroma als die kleinfrüchtigen schwarzen Sorten.

Black Prince: Der Standard für schwarze Tomaten. Schön und ertragreich. Mittelgroße Früchte an gut gefüllten mittelgroßen Rispen. Geschmacklich perfekt. Mittlere Erntezeit.

Weiße Tomaten

Weiße Tomaten, die perfekten Gegenstücke zu den schwarzen Sorten, könnte man als „farblos“ umschreiben. Der Geschmack ist ebenso mild wie der Farbton der Früchte. Ihre Milde lässt sich ausgezeichnet mit anderen Geschmacksnoten kombinieren, und sie nehmen in Gerichten auch leicht den Geschmack anderer Zutaten an. Probieren Sie sie einmal in einer Tomatenbavarois oder in Kombination mit Kräutern und Zitrone.

White Beauty: Ein verführerischer Name für eine prächtige Sorte. Große, flache Früchte. Tief eingeschnitten, mäßig tragend. Späte Ernte ab Ende August. Nur im Gewächshaus aufzuziehen.

Super Snowwhite: Mittelgroße Früchte, klein genug, um sie in den Mund zu stecken. Mild und ertragreich.

Mitte
Garden Peach: Eine auffällige „Pfirsich“-Tomate. Die Schale ist matt und filzig. Voll ausgereift verfärbt sie sich gelb-hellrosa.

Snowwhite Cherry: Kleine Kirschtomaten an ertragreicher Pflanze, lecker und mild. Am besten unter dem Schutz von Glas oder Folie zu ziehen.

Poma Amoris Minora Lutea: Alte italienische Sorte von 1600. Transparente, hellgelbe, runde Tomate mit gutem Geschmack.

La vie en rose

Eine zarte Farbe für einen verfeinerten Geschmack. Zartrosa Tomaten brauchen etwas mehr Aufmerksamkeit, um zum richtigen Augenblick gepflückt zu werden.
Diese besondere Farbe gibt es bei Sorten mit zartem Geschmack und ebensolchem Aroma. Wählen Sie nach Farben zwischen Fleischfarben und Tiefrosa aus. Eigentlich sind es einfach Sorten für den fortgeschrittenen Tomatenfreund.

Podland Pink: Nicht sehr bekannt, aber etwas Besonderes. Glänzende, ovale Früchte von 3 bis 4 cm beginnen fleischfarben und reifen ab bis zu einem Tiefrosa. Saftig und fein im Geschmack, sehr ertragreich und lange tragend. Geeignet fürs Gewächshaus.

Pink June: Weiche, zarte Früchte mit einem milden, etwas matten Geschmack. Kletterpflanze.

Mitte
Pink Brandywine: Ein absoluter Geheimtipp aus der 'Brandywine'-Reihe. Mittlere bis große Größe, spät, mäßig ertragreich, aber geschmacklich rein. Ideale Kastentomate, die man Ende August bis Oktober erntet. Kletterpflanze.

Maritza Rose: Intensiv rosa, flache Früchte. Kräftig und saftig, geschmacklich süß. Kräftige Kletterpflanze. Geeignet fürs Gewächshaus.

Savignac: Saftige, runde, glänzende Früchte, mittelgroß. Mittlere Erntezeit, Kletterpflanze.

Oxheart: Klassisches Beispiel aus der großen Gruppe der Ochsenherz-Tomaten (coeur de boeuf). Alle groß mit unregelmäßiger Form, ziemlich spät. Mäßig ertragreich, aber geschmacklich reich und aromatisch. Kräftige Früchte mit wenig Samen. Aufzucht nur im Gewächshaus.

Pêche de Vilmorin Rose: Leicht behaarte, mild schmeckende, leckere süße Früchte. Kletterpflanze mit mittlerer Erntezeit.

Hohl wie Paprika

Vergessen Sie kurz das Runde und Saftige, das so charakteristisch für viele Tomaten ist. Es scheint, als ob die nachfolgenden Früchte etwas zu dicht bei den verwandten Paprika gestanden haben. Paprikatomaten kombinieren das trockene Fruchtfleisch und die begrenzte Menge an Saft der länglichen italienischen Sorten mit der breiten Blockform, die wir von der handelsüblichen Paprika her kennen. Durch ihren hohen Ertrag sind sie dankbare Tomatenpflanzen. Geköpft, gefüllt und eine halbe Stunde im Ofen schmecken sie am besten. Natürlich sind sie aber auch für Salate, Saucen und andere gekochte Gerichte geeignet.

Green Bell Pepper: Hat den feinen süßlichen Geschmack der anderen grünen Tomaten mitbekommen. Auffällig gestreift. Reift gelb-grün nach.

Yellow Stuffing: Auffallend ertragreich mit gut gefüllten Rispen voller knallig gelber „Paprika". Selbstverständlich trocken und geschmacklich eher mäßig.

Liberty Bell: Einfach rot. Etwas weniger groß und weniger ertragreich, aber etwas leckerer als 'Yellow Stuffing'. Ideal, um unverarbeitet verspeist zu werden.

Burgess Stuffing: Kräftiger Wuchs mit gutem Ertrag. Trockene, hohle Früchte mit wenig Samen. Kletterpflanze.

Striped Pepper: Ragt heraus aufgrund der auffälligen Streifen und der schönen Farbgebung: rot, grün, gelb und orange mit einigen Streifen – alles in einer Tomate.

Brown Flesh: Guter Ertrag an hohlen Früchten mit gutem Geschmack. Braun mit grünen Streifen. Kletterpflanze.

Lemon: Vielleicht keine richtige Paprikaform, aber hohl, trocken und befüllbar. Frühe Ernte.

Zapotec: Groß, tief gerippt, regelmäßig ertragreich, aber sehr spät. Verfärbt sich von grün nach schmutzig rosa, um schließlich rosarot abzureifen. Alte Sorte der Zapoteken. Auffällig, lecker und geschmackvoll. Fürs Gewächshaus geeignet.

Schön groß

Hier finden wir die Rekordhalter. Einige wiegen sogar ein Kilo pro Frucht. Man braucht viel Geduld, um erst eine kräftige Pflanze und anschließend die Riesenfrüchte wachsen zu lassen. Alle sind geschmacklich reich und aromatisch, neigen aber aufgrund ihrer Größe zu Kragenbildung (dicke harte Ränder um den Stielansatz) und Rissen. Ideale Kastentomaten, die man im September und Oktober ernten kann.

Big Rainbow: Groß und breit, innen dreifarbig: rot, gelb und orange. Süße, ertragreiche, späte Sorte mit herzhaftem Fruchtfleisch fürs Gewächshaus. Starke Kletterpflanze.

Coeur de Velours: Kräftiger Wuchs mit dazugehörigen schweren, breiten, herzförmigen Früchten mit herzhaftem Geschmack. Späte Ernte, fürs Gewächshaus geeignet.

Kellog's Breakfast: Wenig Samen, viel Saft und ein süßer Geschmack. Breite, gerippte, orange Früchte. Spät, geeignet fürs Gewächshaus.

Pineapple: Alte Sorte mit verschiedenen Farben und Streifen innen und außen. Späte Sorte fürs Gewächshaus. Ausgezeichneter süßer und aromatischer Geschmack für rohe und gekochte Gerichte. Kletterpflanze.

Giant Belgium: Der Riese unter den Riesen. Früchte mit mehr als einem Kilo sind keine Ausnahme. Geschmacklich süß und reich. Ideal für Tomatensaft. Späte Ernte, nur im Gewächshaus. Kletterpflanze.

Northern Lights:
Etwas kleiner, aber prächtige Farben und Farbtöne an der Innenseite. Ertragreicher und früher als 'Pineapple'. Kletterpflanze fürs Gewächshaus.

Mom's: Große Fleischtomate mit viel Geschmack und Saft, aber wenig Samen. Späte Sorte fürs Gewächshaus. Guter Ertrag an breiten, gerippten Früchten in verschiedenen Farben (rot, orange, gelb, grün) innen und außen.

Besonders gestreift

Das Auge isst mit – und daher kommen fröhliche Streifen natürlich gut an. Trotz der Streifen bleiben es echte Tomaten und man schmeckt die ursprüngliche Farbe. Grün-gelb gestreift bedeutet extra süß ebenso wie die grünen Sorten. Schwarz mit Streifen ist aromatisch wie die anderen dunklen Sorten. Diese gestreiften Sorten sollte man vor allem roh verarbeiten, um ihre Streifen zur vollen Geltung kommen zu lassen.

Black Zebra: Eine der unglaublichsten Farben: tief braun-rot mit gold-grünen Streifen. Geschmackvolle und ertragreiche Tomate, die bei mittlerer Ernte die Qualität der dunklen oder schwarzen Sorten hat. Kletterpflanze. Nur fürs Gewächshaus geeignet.

Fuzzy Wuzzy: Kompakter Strauch mit auffälligen, grauen, filzigen Blättern. Ovale, gestreifte Früchte mit ordentlichem Geschmack. Früh, geeignet für Topf und Freiland.

Striped Pepper: Großer, breiter Strauch mit hohem Ertrag an rot-orange-grün gestreiften Früchten. Guter Geschmack. (Synonym: ‘Pjertsewidni Polosati’ aus Russland.)

Striped Roma: Gutes Aroma, hoher Ertrag, besondere Streifen. Vor allem für die Weiterverarbeitung geeignet. Kletterpflanze, mittlere Ernte. Nur fürs Gewächshaus geeignet.

Green Banana: Zarte Pflanze mit lockerem, strauchförmigem Wuchs. Früh und ertragreich. Längliche, grün-gelbe, saftige und herzhafte Früchte. Ideal für Topfzucht, vorzugsweise unter Glas.

Green Zebra: Geschmacklich für viele die ultimative Tomate. Die auffällig gelb-grün gestreiften Früchte sind sehr mild und süß. Ertragreich bei mittlerer Ernte. Kletterpflanze, geeignet fürs Gewächshaus.

Red Zebra: Rot mit gelben Streifen, geschmacklich fein, ertragreich bei mittlerer Ernte. Kletterpflanze, geeignet fürs Gewächshaus.

Tiny Tiger: Kleine Tomaten an kompaktem Strauch. Geschmacklich mäßig, aber prächtig im Topf. Frühreif. Fürs Freiland geeignet.

Pixie Striped: Kompakter Strauch von 20–30 cm, beladen mit hübschen, rot-orange gestreiften Früchten. Guter Geschmack, ideal für Töpfe. Fürs Freiland geeignet.

Klassisch rot

Bei dem reichen und ziemlich neuen Angebot an Farben und Formen kann man das „normale“ Rot manchmal vergessen. Rot bleibt jedoch – zu Recht – die beliebteste Tomatenfarbe. Aber auch „klassisch rot“ kann sehr unterschiedlich sein. Auch wer es (vorläufig) bei rot belassen will, kommt auf seine Kosten. Die „klassischen roten“ Tomaten haben durchweg einen aromatischen, säuerlichen Geschmack, der in Begleitung von Öl, Essig, Salz und Pfeffer am besten zur Geltung kommt.

Amish Paste: Prächtig in Farbe und Form, irgendwo zwischen den italienischen Sorten und den Ochsenherz-Typen. Voller Geschmack, kräftig und saftig zugleich. Ziemlich ertragreich, mittlere bis späte Ernte. Kletterpflanze, fürs Gewächshaus geeignet.

Mitte links
Rocket: Mittelgroße, halbhohe Früchte. Kräftig und saftig mit gutem Geschmack. Der Strauch wächst kompakt mit Rugosablättern. Liegt zwischen ‘Siberian’ (früh) und ‘Stakeless’ (spät). Gedeiht am besten im Gewächshaus und sehr gut im Topf.

Rotes Birnchen: Das fröhlichste Exemplar im Tomatenland. Ertragreiche Pflanzen voller schöner Rispen. Kletterpflanze. Saftig, mit frischem, fruchtigem Geschmack.

Stakeless: Kompakt wachsender Strauch mit Rugosablättern und kräftigem Haupttrieb. Mittelgroße, flache Früchte mit allerfeinstem, aromatischem Geschmack. Nur fürs Gewächshaus. Mittlere Ernte.

Jersey Devil: Spitzenreiter in Geschmack und Struktur. Längliche, spitze Früchte. Saftiges, herzhaftes Fruchtfleisch mit wenig Samen. Nur fürs Gewächshaus geeignet. Mittlere bis späte Ernte. Ertragreiche Kletterpflanze.

Mitte rechts
Siberian: Kompakter, stark wachsender, kälteunempfindlicher Strauch mit typischen Rugosablättern. Ideale Freilandtomate. Braucht wenig Wärme bei der Aufzucht. Mittelgroße, flache Früchte. Frühe Ernte.

Möhrenlaubige Tomate: Ertragreicher, breit wachsender Strauch mit auffällig eingeschnittenen Blättern. Frühe Ernte, geeignet für Freiland, Töpfe und Kästen. Sehr saftige, breite, leicht eingeschnittene Früchte.

Costoluto Genovese: Von italienischer Herkunft, aber ganz anders als ihre beliebten Landsleute: flach, breit und voller Saft, mit reichem Aroma. Ertragreiche Kletterpflanze, mittlere Ernte. Nur fürs Gewächshaus.

Tomaten kulinarisch

Leckere Tomaten sind frische Tomaten. Für die meisten Menschen müssen Tomaten herrlich duften, während es gerade die frischen Blätter und Stängel sind, die den meisten Duft verbreiten. „Frisch geerntet" riecht man also. Tomaten kommen am besten bei Zimmertemperatur zu ihrem Recht.

Einige Menschen finden es nötig, die dünne Schale der Tomaten zu entfernen. Das geht bei reifen Exemplaren gut, bei denen man mit einem scharfen Messer die dünne Schale einfach so abziehen kann. Sind die Früchte nicht optimal reif, kann man sie kurz in heißes Wasser legen. Frische Tomaten haben einen feinen, süßsäuerlichen Geschmack, den man mit einem Dressing optimieren kann: Öl, Essig, Salz und Pfeffer. Man sollte dabei nicht übertreiben, denn schließlich geht es um die Tomate selbst. Tomaten sind schnell zubereitet. Kurz in der Pfanne geschmort, eben mitgekocht, sogar roh und klein geschnitten in ein warmes Gericht gerührt – das macht aus ihnen schon etwas Besonderes. Durch ihren hohen Wassergehalt sind sie ideale Früchte zur Zubereitung von Suppen und Saucen. Das Wichtigste ist, dass wir lernen, mit der enormen Vielfalt der Früchte umzugehen, und dass wir für jeden Typ dieser spannenden Früchte eine perfekte Möglichkeit finden, ihren Geschmack am besten zur Geltung zu bringen.

Die Tomate ist bei uns eine der beliebtesten Gemüsesorten. Wir verwenden nicht nur gigantische Mengen an frischen Tomaten, wir essen sie auch das ganze Jahr hindurch.
Wenn man selbst Tomaten züchtet, geht es natürlich in erste Linie um frisch geerntete Früchte für den sofortigen Verzehr. Tomaten sind randvoll mit Geschmack und Saft und haben herzhaftes Fruchtfleisch und eine dünne Schale, die alles zusammenhält. Wir sollten eigentlich mehr Tomaten einfach aus der Hand essen, so wie wir das mit Äpfeln tun. Wer es etwas eleganter will, für den gibt es die beliebten Kirschtomaten. Man kann sie einfach mitnehmen und auf einmal in den Mund stecken, ebenso wie Bonbons.
Tomaten werden am besten direkt vorm Servieren geschnitten. Die kleineren Sorten einfach halbieren, größere Fleischtomaten in Scheiben von einem halben Zentimeter schneiden. Ideal für ein Butterbrot.

Tomatensalat

Eine Hand voll bunter, kleiner bis mittelgroßer früher Tomaten pflücken. Abspülen und die Stiele entfernen.

24 Tomaten in verschiedenen Farben * ein Bund Basilikum * frischer Knoblauch * Öl und Essig * Salz und Pfeffer

Sorgen Sie dafür, dass alle Zutaten Zimmertemperatur haben. Halbieren Sie kleine Tomaten der Länge nach. Vierteln Sie die größeren Exemplare. Legen Sie sie auf einen Teller. Schneiden Sie den Knoblauch klein und streuen Sie ihn zusammen mit dem Basilikum über die Tomaten. Schmecken Sie ab mit einem Schuss Olivenöl, einigen Tropfen Essig, etwas Meersalz und frisch gemahlenem Pfeffer.
Servieren Sie sie sofort mit einem Stück (selbst gebackenem) Brot. Und nehmen Sie sich die Zeit, sie zu genießen.

Gefüllte Tomaten

Bei gefüllten Tomaten denkt man schnell an eine Füllung, die mit den Tomaten in den Ofen kommt. Man kann die auffälligen Paprikatomaten aber auch roh nutzen, ohne sie zu kochen.

3 Paprikatomaten (rot, gelb, grün) * gemischter Salat (Rucola, Kopfsalat) * Koriander * gehobelte Mandeln * kleine farbige Tomaten * Paprikapulver * Curry * Salz und Pfeffer * Füllung: Humus (eine Mischung aus Kichererbsenpüree, Sesampaste, Olivenöl, Knoblauch und Zitronensaft)
Schneiden Sie die „Deckel" von den Tomaten ab. Entfernen Sie die Samen. Geben Sie die Füllung in die Tomaten und arrangieren Sie alles auf einem Teller mit den kleinen Tomaten, den Kräutern und den Mandeln.

Minestrone alla Milanese

Minestrone ist eine herrliche gehaltvolle Suppe – ideal als komplette Mahlzeit an einem warmen Sommertag. Nehmen Sie es mit den Zutaten nicht allzu genau (das tun die Italiener auch nicht) und variieren Sie mit dem, was Sie im Haus haben. Alles kann und darf hinein, solange reichlich Tomaten dabei sind.

250 g frische Bohnen * 1 Zwiebel * 1 Selleriestange * 3 Knoblauchzehen * 3 junge Möhren * 250 g frische Erbsen * 1 Zucchini * 3 junge Lauchstangen * 100 g Kohl (oder Brokkoli) * 500 g Tomaten * Petersilie * Lorbeerblatt * Rosmarin * Salz und Pfeffer * 100 g Risottoreis * 2 l Gemüsebrühe * Olivenöl

Schneiden Sie das Gemüse und den Knoblauch klein und dünsten Sie alles 10 Minuten in Olivenöl an. Fügen Sie die Brühe, die klein geschnittenen Tomaten, die Kräuter und den Reis hinzu und lassen Sie die Suppe 30 Minuten köcheln. Servieren Sie sie mit geriebenem Parmesan und klein geschnittenen Kräutern.

Gazpacho

Geht es noch einfacher, noch erfrischender, noch „tomatiger"? Natürlich!

1 kg Tomaten * 1 Gurke * 2 Knoblauchzehen * 1 Paprika * 1 Frühlingszwiebel (oder ein Bund Schnittlauch) * Petersilie * 2 EL Olivenöl * 2 EL Apfelessig * 2 Scheiben geröstetes Brot * 1 Selleriestange * Salz und Pfeffer * 1 Schuss Sojasauce * eine Hand voll schwarze Oliven

Die Basis dieser Suppe bildet rohes Gemüse. Man muss alle Zutaten nur in der Küchenmaschine oder mit dem Stabmixer pürieren. Das Gericht wird an einem warmen Tag kalt serviert. Lassen Sie sich von den verschiedenen Farben der Tomaten inspirieren. Kombinieren Sie gelbe Tomaten mit gelber Paprika, gelber Gurke und einem Löffel mildem Curry. Für eine grüne Variante nehmen Sie grüne Tomaten mit einer grünen Paprika und viel Basilikum. Alles wird orange mit orange Tomaten, einigen Möhren und Paprikapulver. Die dunkelsten, fast schwarzen Tomaten kombiniert man mit schwarzen Oliven und für eine helle Variante nimmt man weiße Tomaten mit den weißen Abschnitten vom Lauch, Knoblauch, weißem Pfeffer und Kokos. Diese rohen Suppen kann man auch mit etwas Wasser oder Kochflüssigkeit als eine fröhlich gefärbte Version eines Glases Tomatensaft nehmen.

Pizzabrot

Pizza ist auch so ein Gericht, das eng mit Tomaten verbunden ist. Diese Variante ist beinahe genauso lecker, aber einfacher mitzunehmen.

250 g Weizenmehl * 10 g Trockenhefe * 2 EL Olivenöl * 4 mittelgroße italienische Tomaten * 12 schwarze Oliven * 1 Zwiebel * 2 Knoblauchzehen * 1 Bund Basilikum * 50 g geriebener Pecorino oder Parmesan * Salz und Pfeffer

Vermischen Sie die Trockenhefe mit dem Mehl. Würfeln Sie die Tomaten, schneiden Sie die Oliven, die Zwiebel und den Knoblauch klein. Hacken Sie das Basilikum und vermischen Sie diese Zutaten, Käse und Olivenöl mit dem Mehl. Kneten Sie daraus einen festen Teig, fügen Sie dabei so viel Flüssigkeit wie nötig hinzu (abhängig davon, wie viel Saft die Tomaten enthalten). Lassen Sie den Teig an einem warmen Ort 30 Minuten gehen. Kneten Sie den Teig erneut durch und formen Sie ein flaches rundes Brot daraus. Lassen Sie es erneut 30 Minuten an einem warmen Ort gehen. Danach backen Sie das Brot 45 Minuten bei 180 °C.

Getrocknete Tomaten

Es scheint merkwürdig, saftige Tomaten zu trocknen, aber die Beliebtheit von getrockneten Tomaten ist sehr verständlich.

Getrocknete Tomaten sind lange haltbar, sie sind würzig, schmecken herrlich und können für viele Gerichte verwendet werden. Tomaten kann man ganz einfach selbst trocknen. Um erfolgreich zu sein, muss man aber die richtigen Tomaten trocknen. Das heißt, die Tomaten, die von Natur aus schon etwas trockener sind. Die länglichen italienischen Tomaten sind dafür am besten geeignet. Ansonsten braucht man nur grobes Salz, Pfeffer und natürlich einen Ofen. Man kann sie auch in der Sonne trocknen, aber dann mitten im Sommer, wenn es einige Tage am Stück richtig heiß ist.

12 italienische Tomaten * Pfeffer * grobes Salz * einige Knoblauchzehen * Olivenöl

Schneiden Sie die Tomaten der Länge nach durch. Legen Sie sie mit der aufgeschnittenen Seite nach oben auf ein Backblech. Bestreuen Sie sie mit Salz, Pfeffer und klein geschnittenem Knoblauch und gießen Sie etwas Olivenöl darüber. Schieben Sie das Backblech in einen mäßig warmen Ofen und lassen Sie die Tür einen Spaltbreit offen. Lassen Sie die Tomaten einige Stunden trocknen, bis sie sich zäh anfühlen. Man kann sie danach an der Luft noch weiter trocknen lassen oder in einem Glas, übergossen mit Olivenöl, aufbewahren. Das Olivenöl ersetzt dann die Feuchtigkeit in den Früchten und nach einigen Wochen werden sie noch leckerer.

Klassifikation: Reich: Plantae (Pflanzenreich) | Abteilung: Angiospermae (Bedecktsamer) | Klasse: Dicotyledoneae (Zweikeimblättrige) | Unterklasse: Sympetalae (mit verwachsenen Kronblättern) | Ordnung: Solanineae | Familie: Solanaceae | Gattung: Capsicum | Art: annuum

Paprika und Peperoni

Namen – Sprachen: Deutsch: Paprika, Spanischer Pfeffer | Englisch: cayenne pepper, bell pepper, sweet pepper, chili pepper | Niederländisch: peper, paprika | Französisch: piment doux, poivron, piment | Italienisch: peperone, pimiento | Spanisch: pimiento dulce, pimiento morron | Dänisch: paprika | Finnisch: ruokpaprika | Rumänisch: ardei | Ungarisch: paprika, Édes paprika, Piros paprika, Fûszer paprika | Suaheli: pilipil hoho | Tibetanisch: sipen ngonpo, si pan sngon po | Hindi: deghi mirch

Es ist etwas verwirrend: Paprika, Spanischer Pfeffer, Cayenne, Chili, Peperoni ... In allen Fällen geht es um Pflanzen mit dem offiziellen Namen **Capsicum**. Sprachen folgen aber nicht immer der offiziellen botanischen Bezeichnung. Der Name Peperoni oder Chili für die scharf schmeckenden Varianten und Paprika für die süßlichen quadratischen Sorten ist eine rein sprachliche, aber keine botanische Unterscheidung. Aus dem Grund wird in diesem Kapitel nur die Bezeichnung **Paprika** benutzt, auch für die länglichen, scharfen Chilischoten. Das weltweit bekannte Wort „Paprika" kommt aus Ungarn, aber dort bezeichnet man damit die beliebte pikante Form des Spanischen **Pfeffers**, der vor allem getrocknet und gemahlen als Pulver verwendet wird. Der Gebrauch der süßlichen Blockpaprika als Gemüse kommt aus Bulgarien.

Die Entdeckung der Paprika

Eine der „Entdeckungen", die Columbus von seinen Reisen mitbrachte, war der „Spanische Pfeffer" oder „Pimiento" (Capsicum annuum). Er wurde ein beliebtes Gewürz, ebenso feurig wie der Echte oder Schwarze Pfeffer (Piper nigrum), aber viel einfacher zu züchten.

Die Pflanzen, die Columbus 1493 fand, wurden schon 2500 Jahre vor unserer Zeitrechnung angebaut, was sie zu einer der ältesten kultivierten Pflanze in der Neuen Welt macht. Sie waren bei den süd- und mittelamerikanischen Indianern beliebt. Die Inka und Maya verwendeten die Früchte, Blätter und Samen als Gewürz, aber auch als Medizin. Die Früchte können verwendet werden, um den Blutkreislauf anzuregen, sie werden äußerlich als Betäubungsmittel angewandt und die Samen dienen als Antibiotikum. Die Azteken verfügten über etwa 20 Sorten, die die Basis für die weitere Entwicklung der Pflanzen bildeten. Über die Pueblo-Indianer verbreiteten sich die Paprika über Nordamerika.
In Europa waren die Pflanzen zwar bekannt, aber nicht beliebt. Erst seitdem unsere Küche einen mehr mediterranen Charakter bekommen hat, verwenden wir die Paprika, vor allem die süßliche Variante, häufiger. Hauptsächlich in den Niederlanden und Belgien wird – natürlich im Gewächshaus – die Blockpaprika kommerziell angebaut.

Die Schärfe der Paprika wird in scu (scoville units) angegeben. Milde, süßliche Paprika haben einen Wert von 0 scu. Der Wert des ungarischen Pfeffers liegt zwischen 100 und 500 scu, der von 'Mirasol' und 'Cayenne' bei 2500–5000 scu. 'Tabasco' liegt um 30000 scu und 'Caribbean Red' übertrifft mit 450000 scu alles.

Botanisches

Paprika sind frostempfindliche, mehrjährige Pflanzen, die meist einjährig gezüchtet werden. In tropischen Breiten können die Pflanzen zu Sträuchern von mehr als zwei Metern Höhe wachsen.

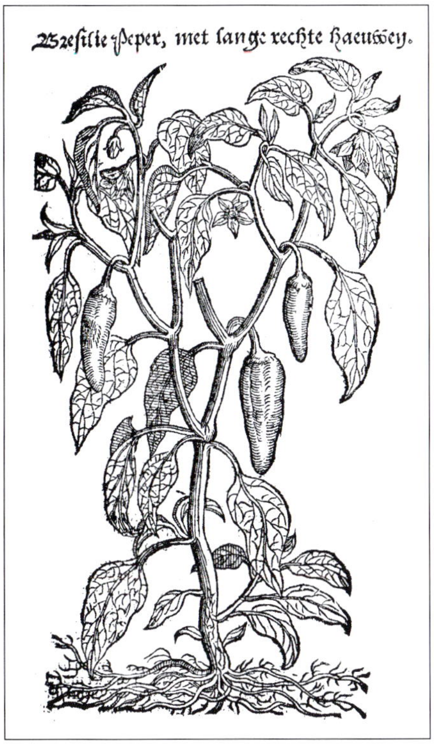

Die Pflanzen haben aufrecht wachsende, holzartige Stängel und einzelne, sternförmige, weiße oder violette Blüten in den Blattachseln. Aus den Blüten entwickeln sich ziemlich trockene Früchte in verschiedenen Formen und Größen. Die kleinsten Exemplare sind nicht größer als eine Erbse, die größten können bis zu 30 cm lang und 10 cm breit werden. Die Früchte sind erst grün, können aber rot, gelb, orange oder violett abreifen.

Die verschiedenen Sorten unterscheiden sich sehr stark im Geschmack. Die kleinfrüchtigen Sorten sind häufig scharf, wodurch sie sich nur als Gewürz eignen. Eine ganze Reihe der großfrüchtigen Sorten sind süßlich und können in größeren Mengen und auch roh verzehrt werden.

In Kultur erreichen die Pflanzen Höhen von 20 cm bis zu mehr als einem Meter.

Die Blätter können hellgrün, dunkelgrün, violett oder sogar schwarz gefleckt sein. Eine Anzahl Sorten hat gestreifte oder mehrfarbige Blätter (weiß/creme/grün/grau/schwarz). Aufgrund der farbigen Blätter und Früchte sind viele kleinfrüchtige Paprikapflanzen als Zierpflanzen geeignet.

Auch diese zur Zier gezüchteten Sorten haben essbare, aber oft sehr scharfe Früchte.

Saatzucht

Paprika sind Selbstbefruchter. Manchmal ist es nötig, die Pflanzen zu schütteln, um die Befruchtung zu fördern. Fremdbestäubung kommt oft vor und die Zucht von scharfen und süßlichen Sorten nebeneinander ergibt oft Probleme bei Pflanzen, die aus selbst gewonnenen Samen gezogen werden. Pflanzen für die Zucht müssen während der Blüte mindestens 100 Meter voneinander entfernt stehen oder man muss jede Pflanze mit Gaze isolieren, um Fremdbestäubung durch Insekten zu verhindern.

Aufzucht

Säen

Das Säen und die Zucht von Paprika liegt, was Datum und Vorgehensweise betrifft, zwischen Auberginen und Tomaten. Man muss nicht so früh beginnen wie bei der träge wachsenden Aubergine, aber früher als mit Tomaten. Abhängig von den Möglichkeiten, die man mit zusätzlicher Wärme und ausreichendem Licht im frühen Frühjahr hat, ist Ende Februar, Anfang März ein geeigneter Zeitraum. Auch was ihr Bedürfnis nach Wärme betrifft, liegen die Pflanzen zwischen Tomaten und Auberginen: Man braucht weniger Wärme als bei den anspruchsvollen Eierpflanzen, aber etwas mehr als bei Tomaten. 22 bis 25 °C sind für eine schnelle Keimung wunderbar. Die Temperatur muss man Tag und Nacht beibehalten, vorzugsweise mit Wärme von unten. Die Samen kommen einen Zentimeter tief in die Erde und bekommen einmal Wasser, danach wird alles mit einer Glasplatte oder Plastikfolie abgedeckt. Legen Sie die Samen mit einem Abstand von 1–2 cm aus, dann braucht man in den ersten Wochen nicht auszudünnen und die Schimmelgefahr bleibt gering.

Aufzucht

Nach einer bis zwei Wochen sollten die jungen Keimpflanzen zum Vorschein kommen. Sie können nun täglich etwas gelüftet werden. Man kann dabei das Kondenswasser, das sich am Glas gebildet hat, auf die Pflanzen gießen. Die Sämlinge wachsen – im Gegensatz zu Tomaten – ziemlich langsam und eine konstante Temperatur von gut 20 °C ist wichtig. Bei sonnigem Wetter kann man tagsüber die Glasplatte wegnehmen und die Sämlinge an die Umgebung gewöhnen. Ende März bilden die Pflanzen, nach den Keimblättern, die ersten echten Blätter. In dieser Übergangsphase können die Pflanzen vereinzelt und in Töpfe von 5 x 5 cm gesetzt werden. Ebenso wie bei den anderen Sämlingen dieser Pflanzenfamilie setzt man sie beim Umtopfen etwas tiefer, sodass die Erde direkt bis an die untersten Blätter reicht. Etwas andrücken, gießen und wieder einige Tage mit Glas oder Plastik abdecken, um den Umtopfschock abzumildern. Bei Sonne etwas beschatten. Nach einer Woche sind die Pflanzen so weit, ohne Glas, aber noch immer auf der Fensterbank oder in einem warmen Kasten, aufzuwachsen. 20 °C sind immer noch nötig, allerdings darf die Umgebungstemperatur bei Wärme von unten etwas niedriger sein.

In der dritten Aprilwoche sind die Pflanzen meist genügend ausgewachsen, um ein zweites Mal in einen 9 x 9 cm großen Topf umgetopft zu werden. Die Pflanzen bekommen dadurch mehr Raum zum Wachsen und allmählich mit dem fortschreitenden Frühjahr auch mehr Licht. Wenn alles gut geht (kein Frühling gleicht dem anderen), hat man in der dritten Maiwoche schöne kompakte blühende Pflanzen von 20 bis 25 cm. Sie können nun ausgepflanzt werden.

Feuchtigkeit Von dem Trio Tomate/Paprika/Aubergine ist die Paprika am empfindlichsten gegenüber Feuchtigkeit und Schimmel. Großzügig gießen ist kein Problem, aber die Pflanzen müssen zwischendurch vollkommen trocknen. Das Gleiche gilt für die Luftfeuchtigkeit. Regelmäßiges (tägliches) Lüften ist nötig, um Schimmelbildung zu vermeiden.

Topferde Die Erde, in der man sät, aufzieht und die man evtl. den Rest der Saison als Topferde benutzt, sollte nicht zu nährstoffreich, aber locker sein. Humusreicher Kompost und Kokosfasern zu gleichen Teilen, gemischt mit 2 % Meeresalgen, 5 % Lehm und 10 % Kies oder Lavamehl geben ein gutes Ergebnis.

Nahrung Paprika brauchen nicht viel Nahrung. Einmal im Garten, kommen sie mit einer Gabe Kompost eine ganze Saison aus. Zusätzlicher Dünger sorgt meist für stärkere Blattentwicklung auf Kosten der Fruchtbildung. Indem man mäßig düngt, entscheidet man sich für kleinere Pflanzen mit frühen und reifen Früchten anstelle von schweren Pflanzen, deren Früchte spät oder gar nicht reifen.

Auspflanzen

Wir sind im Frühjahr natürlich alle ungeduldig, weil wir Pflanzen so schnell wie möglich an ihren endgültigen Standort stellen wollen, aber unser wechselhaftes Klima zwingt uns, geduldig zu sein. Gönnen Sie den Jungpflanzen den Schutz des Glases und vermeiden Sie das Risiko von Wachstumsstillstand durch kalte Nächte und ein frisches Frühjahr.
Ende Mai ist ideal, um die Pflanzen in die Erde zu setzen. Ein sonniger, offener Standort ist nötig, ein bisschen Rückendeckung oder Windschutz wunderbar. Die Pflanzen bekommen einen halben Meter Abstand voneinander und zwei Liter guten Kompost in jedes Pflanzloch. Ein Eimer Wasser pro Pflanze muss für einen guten Start reichen. Eine Bodenabdeckung ist ideal, sollte aber in diesem Fall nicht zu nährstoffreich sein. Stroh oder gemähtes Gras sind prima und sollten wöchentlich aufgefüllt werden. Unter (unbeheiztem) Glas oder in einem Tunnel kann man etwas früher auspflanzen. Aber aufgepasst: Auch Mitte Mai kann es noch unerwartet kalt sein trotz des Schutzes. Also lieber in der dritten Maiwoche. Auch unter Glas oder im Tunnel brauchen die Pflanzen einen guten Eimer Kompost pro Pflanze.

Wachsen

Im Juli wachsen die Pflanzen ordentlich und sollten sich schön verzweigen. Anbinden oder beschneiden ist nicht nötig (außer wenn man durch zu viel Kompost zu viele Blätter bekommt). Man kann evtl. die großfrüchtigen Sorten anbinden, sodass die schwer beladenen Pflanzen nicht durchhängen. Den kleinen, weißen oder violetten Blüten folgen schnell die jungen grünen Früchte. In trockenen Zeiten kann man die Pflanzen regelmäßig duschen, denn im Gegensatz zu Tomaten lieben Paprikapflanzen einen Schauer. Man sollte aber darauf achten, dass nachts alles wieder trocken ist. Bei geringem Wuchs darf man etwas Flüssigdünger geben.

Ernten

Im Gegensatz zu Tomaten und Auberginen müssen Paprika nicht reif, nicht einmal ausgewachsen sein, um geerntet werden zu können. Unreife Tomaten oder Auberginen sind zum Verzehr nicht geeignet, aber bei Paprika ist das kein Hindernis. Reife, rote, gelbe oder orange Früchte haben allerdings mehr Geschmack und Vitamine. Die ersten Früchte ernten wir ein bisschen ungeduldig grün, die Haupternte darf farbig abreifen. Die letzten Exemplare des Spätsommers werden wieder grün geerntet, da sie im Herbst nicht mehr genug Wärme bekommen. Indem man bestimmte Sorten wählt und Wachstumsbedingungen bestimmt, kann man Paprika von Juni bis Ende Oktober ernten. Viele Paprika eignen sich zum Trocknen und eine Anzahl kleinfrüchtiger und kompakt wachsender Sorten kann man noch einige Monate als Zimmerpflanze behalten.

Im Topf

Paprika wächst hervorragend im Topf. Abhängig vom Umfang des Topfes wachsen die Pflanzen größer oder kleiner. Wählen Sie kleinfrüchtige Sorten, denn die führen zu schnelleren und besseren Ergebnissen und bringen den ganzen Sommer über reiche Ernte. Bei späten und großfrüchtigen Sorten muss man sich oft mit zwei oder drei Früchten pro Pflanze zufrieden geben. Täglich gießen ist nötig, obwohl man auch eine größere Schale verwenden kann, die man alle drei Tage auffüllt. Sorgen Sie dafür, dass die Pflanzen die Schalen leeren, bevor Sie ihnen wieder Wasser geben, sodass sie nicht tagelang mit ihren Füßen im Wasser stehen.

Sorten

Die Paprika hat auf ihrer abenteuerlichen Reise durch die Welt eine enorme Vielfalt an Sorten hervorgebracht. Aber wie gut passen sich diese Pflanzen an die kühleren Bedingungen der nördlichen Hemisphäre an?
Auswählen und experimentieren heißen die Zauberworte. Es gibt Sorten, die kompakt wachsen und sich auch bei niedrigeren Temperaturen und in einer kürzeren Saison gut entwickeln. Das sind die kleinen, aber ebenso geschmackvollen oder scharfen Früchte. Dadurch ist die Zucht von Paprika möglich, auch ohne zusätzliche Wärme oder den Schutz von Glas.

Von mild bis scharf

Die Idee, dass nur kleine Paprika scharf und alle großen Früchte angenehm süß sind, entbehrt jeder Grundlage. Kleine, unschuldig aussehende Früchte laden zum Probieren ein, aber etwas Misstrauen ist angebracht. Die witzigen 'Balloons' (pilzartige Früchte) und die orange 'Carrots' können unerwartet scharf sein. Manchmal enthält die Schärfe einen fruchtigen Unterton. Aber ebenso gut können lange, spitze Früchte einen süßlichen, milden Geschmack haben. Erst vorsichtig probieren, dann vollauf genießen!

Purple Serrano: Violett reifende Variante der klassischen 'Serrano'. Hohe Pflanze mit starkem Geschmack. Geeignet für scharfe Gerichte oder Salsas.

Mitte
Thai Hot: Zierliche, kompakte, helle Pflanze voller kleiner, ovaler, roter und grüner sehr scharfer Früchte.

Giant Aconcagua: Lange, breite, große Paprika, grün-rot reifend. Ertragreich mit kompaktem Wuchs. Frühreif. Für süßliche Gerichte. Kann auch im Freiland gezogen werden.

Medusa: Kompakte Pflanze mit bis zu hundert sehr spitzen, elfenbein-gelb-orange-roten Früchten. Kinderfreundlich, da sie nicht so scharf sind.

Sweet Banana: Kompakte, ertragreiche Pflanze, frühreif. Grün-gelb-orange-rot reifend, süß. Fürs Freiland geeignet.

Serrano: Ertragreicher Klassiker. Hohe Pflanze, die rot reift. Scharf, für Salsas geeignet.

Tequila Sunrise: Kompakte Pflanze mit schönem Fruchtansatz. Abgereift süß bis scharf. Geeignet für Salsas.

Jimmy's Nardelo: Besonders süße Paprika, die man roh essen oder in Gerichten verwenden kann. Ertragreiche Pflanze.

Lemon Drop: Stammt aus Peru. Herrliche, halbhohe Pflanze, beladen mit fröhlichen, aber scharfen Früchten mit einem Hauch von Zitrus.

Chile de Arbol: Cayenne-Typ, dunkelgrün-tiefrot. Wird zur Herstellung von Chilipulver verwendet: 15 000–30 000 scu.

Georgia Flame: Traditionelle, mild-scharfe Chili. Ertragreiche, halbhohe Pflanze.

Tepin: Wilde Form mit Früchten so groß wie Erbsen. Wird auch „Vogelpfeffer“ genannt. Furchtbar scharf. Spätreif.

Sweet Pickle: Kompakte Pflanze mit aufrecht wachsenden Früchten in Rot-Grün-Gelb-Orange-Violett. Die süßen, auffälligen Früchte sind unterschiedlich verwendbar.

Mitte

Chinese Giant: Kompakte, ertragreiche Pflanze. Frühreif. Beeindruckende, bis 20 cm große, süße Früchte. Für draußen geeignet.

Filus Blue: Ziervariante mit scharfen Früchten. Auffällig dunkles Blatt. Violette Früchte, die rot reifen.

Bulgarian Carrot: Herrliche orange Früchte an einer kompakten Pflanze. Scharf und fruchtig, für Chutneys und Salsas.

Garden Sunshine: Extra süß und ertragreich. Perlweiß-orange reifend.

Yellow Cayenne: Lassen Sie sich nicht durch die fröhliche Farbe in die Irre führen! Kompakte, mäßig ertragreiche Pflanze. Scharf im Geschmack.

Balloon: Große Pflanze mit witzigen, geflügelten Früchten, gelb-grün reifend. Die Früchte sind süß, aber die Samen und der Inhalt furchtbar scharf.

Bunt und farbenfroh

Das Besondere an Chili und Paprika ist, dass sie – im Gegensatz zu Tomate und Aubergine – auch unreif, sogar halb ausgewachsen schon gut zu essen sind. Die unreife, grüne Farbe kann sich zu Gelb, Orange, Rot, Schwarz oder Violett entwickeln. Manche Früchte werden violett, dann schwarz, anschließend rot. Für Liebhaber gibt es Streifen, immer wieder mit sehr überraschendem Geschmack.

Red Habañero: (C. chinense), kommt aus Zentralamerika. Nur für heiße und feuchte Gegenden geeignet. Entsetzlich scharf.

Marbles: Farbenfrohe Murmeln an einer kompakten Pflanze. Dekorativ und scharf.

Mitte grün
Mulato Isleno: Reicher, scharfer Geschmack. Grün-rot-schwarz reifend.

Purple Jalapeño: Dicke Wand voll kräftigem Geschmack, ziemlich scharf. Reift rot.

Numex Sunset: Orange. Sehr scharfer, reicher Geschmack.

Fish: Afro-amerikanische traditionelle Sorte mit grün-weißem Blatt und gestreiften Früchten. Mittelscharf. Sehr auffällig, sowohl die Früchte als auch die Pflanze. Fürs Freiland geeignet.

Marconi Red: Sorte aus Italien. Große, längliche, rot reifende, süßliche Früchte.

Jamaican Hot Yellow: Witzige Form mit scharfem Geschmack.

Mitte rot
Rio Grande: Mittelscharf, milder als 'Jalapeño'.

Largo Purple: Große Pflanze mit tiefviolettem Blatt und kleinen, farbenfrohen, scharf schmeckenden Früchten.

Purple Beauty: Kompakte Pflanze mit violetten Blockfrüchten, süßlich. Frühreif, fürs Gewächshaus geeignet.

Fresno: Sorte aus Mexiko. Die perfekte Schote für mittelscharfe Gerichte. Wächst aufrecht, reift von Grün nach Rot.

Littel Elf: Prächtige Minipflanze, die den ganzen Sommer mit ovalen, farbigen Früchten beladen ist. Scharf im Geschmack.

Large Sweet Red Cherry: Extra früh. Fröhliche, runde, süße Murmeln. Kann draußen an einem warmen Ort stehen und eignet sich für Topfzucht.

Aci Sivri: Sorte aus der Türkei. Mild bis scharf. Früh und ertragreich.

Quadrato Asti Giallo: Eine Blockfrucht, beinahe quadratisch, die langsam gelb reift. Aromatisch.

Bolivian Rainbow: (C. frutescens), auffällige Zierpflanze in fröhlichen Farben. Überaus scharf.

Mitte rot
Healthy: Frühe und ertragreiche russische Sorte, grün-gelb-orange-rot reifend, süß. Resistent gegen Krankheiten. Fürs Freiland geeignet.

Slim Pim: Besonders früh und ertragreich. Kompakte Pflanze mit Dutzenden von 9 cm großen, länglichen Blockfrüchten mit dünnem Fruchtfleisch und süßlichem Geschmack. Fürs Freiland geeignet.

Mitte
Yellow and Red Mushroom: Auffällig und ertragreich, aber furchtbar scharf.

Rechts orange
Golden Marconi: Sorte aus Italien. Groß, süß, ertragreich und bunt.

Pretty Purple Pepper: Auffallend violett mit farbigen Fürchten. Feurig.

Numex Sunflare: Auffällige Pflanze mit scharfen Früchten. Reift rot.

Rechts grün
Jamaican Hot Chocolate: Langsam bis braun reifend. Sehr scharf.

Von Norden nach Süden

Italienische Pizzapaprika und ‘Marconis’, texanische ‘Numex’ und ‘Santa Fe’, ungarische ‘Beaver Dam’ und ‘Wax’-Sorten, portugiesische, kreolische, jamaikanische und mexikanische traditionelle ‘Poblano’, ‘Mesilla’ und ‘Tabasco’. Die Paprika hat nicht nur in ihrem Ursprungsland, sondern überall auf ihrer Weltreise auffällige und geschmackvolle Spuren hinterlassen.

Numex Sunrise: Mild bis scharf im Geschmack, gelb-orange reifend.

Poinsetta: Mittelhohe Pflanze mit einem ganzen Bündel nadelfeiner, scharfer kleiner Schoten an der Spitze.

Beaver Dam: Sorte aus Ungarn. Voller Geschmack, mild bis scharf. Unverarbeitet verwenden oder füllen.

Mesilla: Länglich, grün-rot reifend. Scharf.

Scotch Bonnet: (C. chinense), spätreife, grün-rote, hohe Pflanze. Furchtbar scharf mit fruchtiger Note.

Poblano L: Getrocknet heißt diese Frucht Ancho. Dunkelgrün-braunschwarz reifend. Scharf und in Mexiko beliebt. 600–1800 scu.

Pretty in Purple: Auffallend zierlich. Dunkles Blatt und rot-violette, runde Früchte mit scharfem Geschmack.

Aji Cristal: Hohe, lockere Pflanze voll kleiner grün-gelb-orange Früchte. Scharfer Geschmack mit Zitrusnote. Grüne Früchte sind geschmacklich am besten.

Pizza Pepper: Unkompliziert, fröhlich, süßlich und ertragreich. Dunkelgrün bis dunkelrot. Ideal für Pizza oder zum Rösten.

Tabasco: Wird als Basis für die bekannte Sauce verwendet. Große Pflanze voll kleiner Früchte in Gelb-Orange-Rot. Ziemlich scharf und spätreif.

Hot Portugal: Ertragreich, schön, groß und „hot".

Long Red Slim Cayenne: Extra lange, extra dünne, extra scharfe Cayenne. Dunkelgrünes Blatt.

Numex Big Jim: Die größte der beliebten 'Numex'-Reihe, mittelscharf.

Black Hungarian: Auffallend dunkle und kräftige Pflanzen mit violetten Blüten und schwarzen, scharfen Früchten. Früh und ertragreich. Ideal für Topfzucht.

Hungarian Wax: Kompakte Pflanze mit farbenfrohen Früchten. Auch in unseren Regionen ertragreich. Scharf bis mild.

Gourmet: Klassische, süße Blockpaprika, fein im Geschmack.

Mitte Golden Treasure: Grün-gelb. Traditionelle italienische, süße Sorte.

Santa Fe Grande: Kräftige, ertragreiche Pflanze für eine lange Ernte und allerlei Zubereitungsmöglichkeiten.

Pimento L: Groß und ertragreich, mittelscharf.

Tri-Fetti: Die auffälligste Ziersorte mit grün-grau-weiß-creme-violett geflecktem Blatt. Reift schwarz-rot und ist scharf.

Mirasol: Wächst aufrecht. Dünne, rot reifende Früchte mit 5 000 scu.

Criolla Sella: (C. baccatum), aromatisch bis scharf. Zum Trocknen geeignet. Kommt aus Bolivien.

Purple Marconi: Violette Variante dieser traditionellen italienischen Sorte.

Jamaican Hot: Rot reifend. Sehr scharf.

Im Freiland oder unter Glas

Die südliche Herkunft der verschiedenen Chili- und Paprikaschoten garantiert Geschmack, aber inwieweit haben sich die Pflanzen an die nördlichen Gegebenheiten angepasst? Mit Sorten wie 'Earliest Red', 'Healthy' und 'Roumanian Rainbow' oder etwas authentischer mit 'Sweet Cayenne' (süß und lang) befindet man sich mitten in einem abenteuerlichen Paprika-Freilandgarten.

Jingle Bells: Hybride Mini-Bell-Paprika, süß. Extra früh. Für Topfzucht geeignet.

Cyklon: Aromatische polnische Sorte mit gutem, vollem Geschmack. Ertragreich und zum Trocknen geeignet.

Peter Pepper: Kompakte Pflanze mit scharfen Schoten. Für Chili-Pulver geeignet.

Nosegay: Kompakte Pflanze. Beladen mit Murmeln in Rot, Gelb und Orange. Sehr zierlich und aromatisch.

Ring of Fire: Extra frühe Sorte mit kleinen Cayenne-Schoten an einer kompakten Pflanze. Fürs Freiland geeignet.

Pasilla Bajo (getrocknet): In frischem Zustand wird diese Frucht Chilaca oder „chili negro" genannt. Die Schote wird aufgrund ihres reichen, rauchigen Geschmacks getrocknet. 250 scu.

Candlelight: Fröhliche, kompakte Pflanze, beladen mit kleinen, ovalen, bunten Früchten. Mild bis scharf.

Caribbean Red: Eine der schärfsten Schoten. Getrocknet bis zu 445 000 scu. Vorsichtig sein! Spätreif.

Golden Greek: Aromatische griechische Schote mit tiefroter Farbe. Ideal für griechischen Salat.

Mitte grün

Super Red Pimento: Gedrungene Blockpaprika. Frühreif und ertragreich. Dickes Fruchtfleisch.

Giant Gszegedi: Ertragreiche Sorte aus Ungarn. Gedeiht auch in kühleren Breiten. Creme-gelb-orange reifend, süß.

Sun Rich Orange: Orange Blockpaprika (Bell-Paprika). Fröhlich, süß und ertragreich.

Unten länglich
Sweet Cayenne: Superfrüh, ertragreich und unerwartet süß. Prima fürs Freiland.

Riot: Gedrungene Pflanze voll farbiger Früchte mit scharfem Geschmack.

Chiltepin: Mexikanische wilde Form. Kaum so groß wie eine Erbse, grün-rot reifend. Aufpassen: bis 100 000 scu!

Earliest Red: Die früheste, süßliche Blockpaprika fürs Freiland. Eine ertragreiche, kompakte Pflanze. Eine kräftige und zuverlässige Empfehlung für alle, die Klassiker vorziehen.

Mini Orange/Red/Chocolate Bell: Fröhlich und ertragreich im Topf. Süß. Auch für Gärten von Kindern geeignet.

Mitte gelb
Roumanian Rainbow: Frühe, ertragreiche, kompakte Pflanze. Süß. Eine Empfehlung fürs Freiland. Verfärbt sich auffällig.

Mitte rot
Sheepnose: Kompakte Pflanze mit kräftigen, gedrungenen Früchten. Fleischig und süß im Geschmack.

Numex Joe Parker: Früh und produktiv, mild bis scharf im Geschmack.

Charlestone Belle: Frühreife, süße Blockpaprika, mild im Geschmack.

Peruvian Purple: (C. frutescens), auffällige, dunkle Pflanze mit kleinen violett-rot reifenden Früchten. Geschmacklich mild-scharf.

Paprika kulinarisch

Eine Frucht so voller Vitamine sollte eigentlich frisch gegessen werden, am liebsten direkt von der Pflanze. Sie werden überrascht sein vom „süßen" Geschmack einiger Sorten.

Süß und saftig, diese Freude erleben diejenigen, die die Früchte frisch aus dem Garten ernten können. Solch herrliche frische Früchte sollte man eigentlich nur in einem wunderbaren Salat als Rohkost essen. Schneiden Sie dafür die Paprika durch, entfernen Sie Kerne und Stiel, und schneiden Sie sie dann in Streifen oder Würfel. Lassen Sie sich von den vielen Farben verführen und verwenden Sie für ein hübsches Ergebnis rote, gelbe, orange und violette Früchte durcheinander. Noch ein wenig Öl und Essig, Salz und Pfeffer darauf – fertig.

Griechischer Salat

Dafür verwendet man süßliche Blockpaprika, die Bell-Typen oder die länglichen großen Sorten.

1 rote, 1 gelbe und 1 orange Paprika, in Ringe geschnitten * 1 große Tomate in Scheiben * 1 rohe, süßliche Zwiebel, in Ringen * eine Hand voll schwarzer, getrockneter, entkernter Oliven * 1 Gurke in Scheiben * Fetakäse in Würfeln

Mischen Sie alle Zutaten miteinander. Gießen Sie etwas Olivenöl und einen Schuss Essig darüber und schmecken Sie mit Salz und Pfeffer ab. Servieren Sie den Salat mit Baguette.

Salsa cruda

Salsa cruda ist eine herrliche mexikanische Basissauce, die erst kurz vor dem Verzehr hergestellt werden sollte.

Warnung
Eine ganze Reihe von Peperoni/Chilischoten enthält Capsaicinoide, die für die Schärfe der Schoten sorgen. Vor allem die Kerne, aber oft auch die Früchte und vor allem die Verbindung zwischen Kernen und Früchten enthalten diese scharfen Stoffe. Darum ist es wichtig, die Pflanzen mit einer gewissen Umsicht zu behandeln. Halten Sie Zierfrüchte und scharfe Sorten ausser Reichweite von kleinen Kindern oder machen Sie ihnen klar, dass sie sie nicht essen oder anfassen sollen. Wenn man die Früchte erntet oder aufschneidet, nicht mit den Händen und Fingern an Augen, Mund oder Nase kommen. Wenn man es unbewusst doch getan hat, lange mit lauwarmem Wasser ausspülen. Diese ätzenden Stoffe können stundenlang an Fingern, Messern oder Schneidebrettchen hängen bleiben und ihre Schärfe weitergeben.

1 Tomate * 1 kleine Zwiebel * 1 Bund Koriander * 3 Chilischoten ('Fresno' oder 'Serrano') * Salz * einige EL Limonensaft oder milder Essig

Würfeln Sie die Tomate und die Zwiebel, hacken Sie den

Koriander. Schneiden Sie die Chilischoten in kleine Stücke und entfernen Sie die Kerne. Vermengen Sie alles mit Salz und dem Limonensaft in einer Schüssel. Servieren Sie die Sauce zu Eiern (beim Frühstück), zu Tacos oder Fajitas.

Gulasch

Gulasch kann, abhängig von der Sämigkeit, als kräftige Suppe oder als Sauce serviert werden.

1 große Zwiebel * 2 Knoblauchzehen * 1 große Möhre * 2 große Blockpaprika * 2 EL Mehl * 2 EL (mildes) Paprikapulver * 4 reife Tomaten * 2 l Gemüsebrühe * 4 Kartoffeln * 3 Lorbeerblätter

Schneiden Sie Zwiebel, Möhre und Paprika in grobe Stücke und dünsten Sie alles mit den gehackten Knoblauchzehen in Olivenöl an. Geben Sie Mehl und Paprikapulver hinzu und lassen Sie alles einige Minuten kochen. Geben Sie anschließend die reifen Tomaten, Gemüsebrühe, Kartoffeln und Lorbeer hinein. Bringen Sie alles zum Kochen und lassen Sie es eine Stunde sanft köcheln. Schmecken Sie die Sauce mit Salz und Pfeffer ab.

Paprika trocknen

Man kann die Ernte lagern, indem man die Paprika trocknet. Reife Schoten kann man einfach auf eine Schnur reihen (indem man die Schnur durch die Stängel zieht). Auf diese Art erhält man dekorative Ketten und Girlanden. Hängen Sie alles an einen luftigen Ort und nach ein paar Wochen sind die Früchte getrocknet. Die Schoten sind ideal, um Wintergerichte geschmacklich aufzupeppen. Einfach von der Schnur lösen, die (oft scharfen) Kerne entfernen und eine gute Stunde in Wasser einweichen.

Paprika rösten

Eine Reihe typisch mexikanischer Chilischoten, wie die Poblano und die Jalapeño, hat eine relativ harte Schale, die man erst entfernen sollte. Traditionell röstet man die Schoten dafür auf einem Holzkohlenfeuer. Die Früchte werden regelmäßig gedreht, bis sie ganz schwarz sind, anschließend lässt man sie in einem Küchentuch oder Beutel ausdämpfen und abkühlen. Dann kann man die Schale leicht entfernen und hat eine herrlich weiche und aromatische Schote.

Paprika einmachen

Verwenden Sie zum Einmachen am besten mittelgroße bis kleine Früchte. Man sticht die Früchte mit einer Gabel an und weicht sie 24 Stunden in Salzwasser (Salz und Wasser im Verhältnis 1:15) ein. Anschließend spült man die Schoten gründlich ab, legt sie für 3 Minuten in kochendes Wasser und spült sie noch einmal ab. Dann schneidet man eine Zwiebel in Ringe und brät sie mit Knoblauch und Lorbeerblättern in Olivenöl. Man spült Einmachgläser mit heißem Wasser aus und füllt sie mit Zwiebeln, Knoblauch, Paprika, Kräutern und Olivenöl. Abschließend füllt man die Gläser bis zum Rand mit kochendem Apfelessig. Die Gläser schließen und nach drei Wochen kann man probieren.

Pizza

In diesem Buch darf die traditionelle Pizza auf keinen Fall fehlen. Es stellte sich nur die Frage, ob sie ins Kapitel über Tomate, Paprika oder Aubergine gehörte. Alle drei Früchte passen schließlich ausgezeichnet auf eine Pizza. Mit ein wenig Fantasie kann man den Belag an die eigenen Vorlieben oder die vorhandenen Früchte anpassen.

Eine Pizza ist schnell zuzubereiten. Nur der Boden braucht etwas Geduld.

250 g Weizenmehl * 10 g Trockenhefe * 150 ml lauwarmes Wasser * 1 TL Salz * 5 EL Öl * Belag nach Wahl

Mischen Sie das Mehl mit Hefe und Salz. Mischen Sie Öl und Wasser und gießen Sie es zur Mehlmischung. Verrühren Sie das Ganze, bis eine feuchte und klebrige Masse entsteht. Kneten Sie dann mit den Händen weiter (eine Minute intensives Kneten reicht). Der Teig darf abschließend nicht mehr an den Händen kleben (evtl. noch etwas Mehl hinzufügen) und muss geschmeidig sein. Wenn man einen Finger hineinsteckt, muss er ein wenig zurückfedern. Lassen Sie den Teig 30 Minuten mit einem Küchenhandtuch bedeckt an einem warmen Ort gehen. Kneten Sie den Teig noch einmal kurz durch und rollen Sie ihn mit einem Nudelholz zu einem Pizzaboden aus. Einen knusprigen Boden erhält man meist nur in einem guten Pizzaofen, der eine gleichmäßige, hohe Temperatur hat. Dem nähert man sich am ehesten, wenn man den Boden 5 Minuten unter dem Grill vorbackt. Wenn es gut geht, entstehen auf dem Teig

einige Beulen. Holen Sie den Boden aus dem Ofen, belegen Sie ihn mit Gemüse Ihrer Wahl und schieben Sie die Pizza erneut für 10–15 Minuten unter den Grill in den heißen Ofen.

Verwenden Sie für eine knusprige Pizza einmal keine Sauce, sondern schneiden Sie alle Zutaten klein und legen Sie sie roh auf die Pizza. Klein geschnittene Tomaten, dünne Scheiben Aubergine, gewürfelte Paprika, Zwiebel und natürlich fein geschnittenen Knoblauch und Oliven. Darauf kommt etwas Käse, beispielsweise dünne Scheiben Mozzarella und etwas geriebener Parmesan oder Pecorino. Als Letztes mixt man mit dem Stabmixer etwas Olivenöl, eine Knoblauchzehe, einige Blätter Basilikum, Salz und Pfeffer und gießt diese Mischung in einem feinen Strahl über die Pizza. Schieben Sie die Pizza sofort in den Ofen. Machen Sie aus jeder Pizza etwas Besonderes. Spielen und kombinieren Sie mit allem, was Sie im Garten haben!

Nährwert: roh, pro 100 g

Sonnengereifte, frisch geerntete rohe Paprika haben einen unglaublich hohen Gehalt an Vitamin A und C, zwei der wichtigsten Antioxidantien.

Wasser: 92 g | Kalorien: 19,98 | Protein/Eiweiß: 1,2 g | Fett: 0,3 g | Kohlehydrate: 3,1 g | Ballaststoffe: 2 g | Trockenmasse: 0,8 g | Kalzium: 10 mg | Eisen: 0,7 mg | Magnesium: 12 mg | Phosphor: 26 mg | Kalium: 213–248 mg | Natrium: 2 mg | Vit. C: rot 140 mg, grün 66 mg | Vit. B1, Thiamin: 0,052–0,076 mg | Vit. B2, Riboflavin: 0,05 mg | Vit. B3, Niacin: 0,4 mg | Vit. B5: 0,23 mg | Vit. B6: 0,27 mg | Folsäure: 29 mcg | Vit. A: rot 4218 mcg, grün 468 mcg

Insektizid

Vermischen Sie drei scharfe Chilischoten, eine Knoblauchzehe und einen Esslöffel Spülmittel in einer Küchenmaschine mit einem Glas Wasser und Sie haben ein hervorragendes Insektizid. Im Kühlschrank eine Woche haltbar.

Klassifikation: Reich: Plantae (Pflanzenreich) | Abteilung: Angiospermae (Bedecktsamer) | Klasse: Dicotyledoneae (Zweikeimblättrige) | Unterklasse: Sympetalae (mit verwachsenen Kronblättern) | Ordnung: Solanineae | Familie: Solanaceae | Gattung: Solanum | Art: melongena

Auberginen oder Eierfrüchte

Namen – Sprachen: Deutsch: Aubergine, Eierfrucht | Österreichisch: Melanzani | Englisch: eggplant, mock tomato, apple of love, garden egg, poor man's caviar, mad-apple, jew's apple | Niederländisch: eierplant, aubergine | Französisch: aubergine, béringène, mayenne, melongène, plant aux oeufs, oeuf végétal | Italienisch: melanzana, petonciana | Spanisch: berenjena | Dänisch: aegplante | Finnisch: munakaiso | Hindi: brinjal, baigan, bengan, badinjan | auf Sumatra: tiung | Surinamisch: bhata | Indonesisch: terrong | Japanisch: daimaru nasu | Malaysisch: erong | Laotisch: khüa ham moar

Das sanskritische vatin-ganah (was wörtlich übersetzt so etwas wie Anti-Blähungs-Gemüse bedeutet) wurde im Persischen zu **bâdingân, al-bâdinjân** im Arabischen, **albergínia** im Katalanischen und schließlich **aubergine** im Französischen; ein Name, der heutzutage allgemein verwendet wird. Auch der Name Eierfrucht wird noch benutzt, was auf die weißen, eiförmigen Früchte einiger anfänglich eingeführter Sorten deutet.

Die Herkunft der Aubergine

Auberginen oder Eierfrüchte gehören zu den Solanaceae, den Nachtschattengewächsen, sind also eng verwandt mit Kartoffel, Tomate und Paprika. Aber im Gegensatz zu diesem weltberühmten Trio mit seinen Wurzeln in der Neuen Welt haben Auberginen einen asiatischen Ursprung – und noch dazu einen etwas geheimnisvollen.

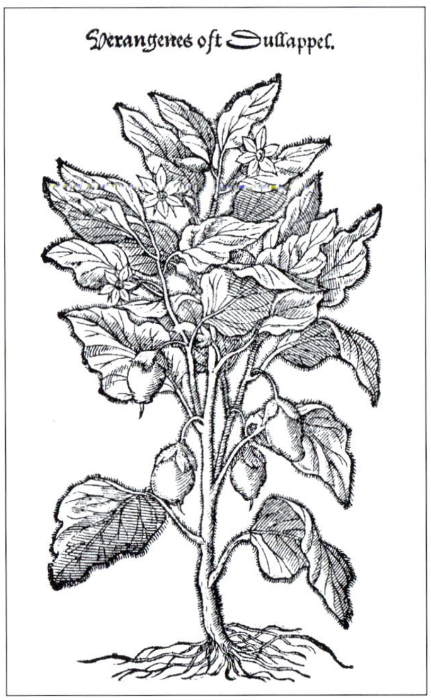

Die ersten Beschreibungen von kleinfrüchtigen Auberginen kommen aus China, aus dem 4. und 5. Jahrhundert vor Christus. Aus derselben Periode gibt es Schriften über die Aubergine aus Indien, wo es vielleicht eine zweite Ursprungsquelle gibt. Ein wichtiges Zentrum, in dem viele Pflanzen ihren Ursprung haben, ist das Dreieck Indien, Assam und Birma. Allerdings gibt es auch dort keine echten Wildformen von Solanum melongena. Wahrscheinlich haben sich die Auberginen aus S. incanum entwickelt, einer Pflanze, die in dieser Region durchaus wild wächst. Man nimmt an, dass die Auberginen über Afrika und die arabischen Karawanenrouten nach Europa gekommen sind und sich im Mittelalter hier verbreitet haben.

Die Römer und Griechen kannten keine Eierfrüchte. Erst im 14. Jahrhundert – also noch vor Tomaten, Kartoffeln und Paprika – tauchen sie in Europa auf. Spanien führte die Früchte zuerst als berenjenas oder „Liebesäpfel“ ein.
Schon im 13. Jahrhundert erwähnen arabische Ärzte die Aubergine. Die europäischen Ärzte waren allerdings nicht sonderlich beeindruckt von den Möglichkeiten dieser Pflanze. Trotz ihrer vermeintlichen heilkräftigen Wirkung und ihrem geheimnisvollen Ruf, toxisch und aphrodisisch zu sein, hielt sich ihre Beliebtheit in Grenzen. Allein als Zierpflanze konnte sie sich halten; als merkwürdige „Eierpflanze“ (mit kleinen, ovalen, weißen Früchten) war die Aubergine mäßig beliebt.

Gegen Ende des 14. Jahrhunderts gelangte die Aubergine nach Italien, wo sich die kulinarische Abenteuerlust der Bewohner und das Klima als ein idealer Ort für die wachsende Beliebtheit entpuppten. Aus Europa gelangte die Aubergine mit den spanischen Eroberungen nach Amerika. In alten Dokumenten wird erwähnt, dass sie 1658 zum ersten Mal in Brasilien angebaut wurde.
Große Gebiete in Indien, Japan, Thailand sowie Nord- und Südamerika sind inzwischen beliebte Anbaugebiete. In Japan ist die Aubergine das viertwichtigste Gemüse.

Der Auberginenanbau in Europa blieb lange beschränkt auf die Gebiete rund um Nizza und Andalusien, aber die Früchte wurden auch in Italien und Griechenland angebaut. Erst im 19. Jahrhundert wurde die Aubergine zum ersten Mal in einem Kochbuch erwähnt. Endlich bekam das Gemüse die Aufmerksamkeit, die es verdiente, und kam weltweit auf den Tisch. In unseren Breiten lernten wir das Gemüse erst kennen, nachdem wir scharenweise die mediterranen Urlaubsorte besucht hatten.
Auberginen werden hierzulande in bescheidenem Umfang in Gewächshäusern kommerziell angebaut. In Liebhabergärten gibt es die Pflanzen noch nicht allzu oft, hauptsächlich weil das Wissen fehlt und keine „Liebhaber"-Sorten für den Freilandanbau zu kaufen sind. Aber das will dieses Buch ändern.

Botanisches

Die Eierfurcht ist eine frostempfindliche, mehrjährige Pflanze, die einjährig kultiviert wird. Die Farbe der Blüten, Blätter und Früchte kann stark variieren, was die Aubergine zu einer auffallenden Erscheinung macht.

So gibt es erbsengroße, dunkelgrüne 'Green Pea'-Sorten aus Thailand, 'Ostereier'-Typen mit mehreren Farben auf einer Pflanze, italienische 'Bella'-Sorten in Creme mit rosa Blüte und natürlich die bekannten, kommerziell gezogenen, großen schwarzen Früchte. Außerdem gibt es feine, längliche japanische und asiatische Sorten in Weiß, Grün, Violett und sogar Gestreift. Auberginen gibt es von groß bis klein, länglich oder vollständig rund und in einer Mischung aus Weiß, Grün, Rot, Violett, Rosa, Schwarz und diversen Streifen. Von den drei Pflanzen, die wir in diesem Buch besprechen, ist die Aubergine als Pflanze am schönsten.

Schwarze und vor allem die weißen Sorten sind oft mild, fast sahnig im Geschmack, während viele asiatische und afrikanische Sorten auffällig bitter sind, was nur durch die Zubereitung abgemildert wird. Wir verzehren Auberginen meist in reifem Zustand, aber die afrikanischen orangefarbenen Sorten werden unreif, also hellgelb geerntet.

Der Wuchs der Aubergine ist mit dem der Paprika vergleichbar, allerdings haben die Pflanzen größere, breitere und weiche, grau-grüne Blätter. Sorten mit dunklen Früchten haben oft Blätter mit dunklen Nerven, während Sorten mit weißen Früchten oft hellgrüne Nerven besitzen. Einige Sorten haben Stacheln auf den Blättern. Mittig sitzt ein kräftiger, manchmal holziger Haupttrieb. Wenn die Pflanzen mit Früchten beladen sind, benötigen sie eine Stütze.

Außer der klassischen Solanum melongena zählt man auch eine ganze Reihe eng verwandter Solanaceae zu dem Eierfrüchten: Solanum aethiopicum, die afrikanische Aubergine mit orangeroten Früchten, Solanum torvum (Teufels Nachtschatten) mit Rispen voller kleiner grüner Früchte, die in der Thai-Küche beliebt sind, und Solanum integrifolium, die chinesische Aubergine mit flachen, gelben oder roten Früchten.

Die Blüten – mit manchmal bis zu 5 cm Durchmesser – sind sternförmig und farblich von dunkelviolett über lila bis hin zu vollständig weiß. Sie wachsen manchmal einzeln, manchmal in Gruppen von vier bis fünf. Es ist die Kombination aus kompaktem Wuchs, grau-grünen Blättern, auffallend gefärbten Blüten und den farbigen und abwechslungsreichen Früchten, die die Pflanzen zu solchen Zierpflanzen macht.

Saatzucht

Auberginen sind Selbstbefruchter und für die Saatzucht müssen die Pflanzen in einem Abstand von etwa 10 Metern stehen (Blütenstaub kann mit dem Wind von einer Pflanze zur anderen gelangen). Für die Samenernte wählt man gesunde Pflanzen und die letzten schönen Früchte der Saison aus. Die Früchte müssen die Chance haben, überreif zu werden. Weiße Früchte werden dann gelb, dunkle hellgrün oder grau. Die Früchte werden weich, faulen oder vertrocknen und schrumpeln. Samen kann man ernten, indem man überreife oder verfaulte Früchte in Stücke schneidet und mit etwas Wasser in einer Küchenmaschine klein mahlt. Die reifen Samen sinken in der Mischung aus Früchten und Wasser nach unten und das Fruchtfleisch kann man abgießen. Anschließend muss man sie noch einmal abspülen und abseihen und danach auf einem Stück Papier in der Sonne oder auf der Heizung trocknen lassen. Samen bleiben bei richtiger Aufbewahrung (trocken und kühl) sechs bis zehn Jahre keimfähig.

Aufzucht

Säen

Um in unserem kalten Klima erfolgreich Auberginen zu züchten, muss man ziemlich früh mit dem Säen beginnen. Februar ist der geeignetste Monat. Abhängig von den eigenen Möglichkeiten im Hinblick auf Wärme, Licht und Standort geht es vom Anfang bis zum Ende des Monats. Die flachen, ziemlich großen, hellbraunen Samen werden nicht tief (0,5 cm) in normale Anzuchterde gelegt und bei einer Temperatur von etwa 25 °C gehalten. Legen Sie die Samen sorgfältig mit einem Abstand von 2 cm untereinander und in Reihen mit 3 cm Zwischenraum aus. Wenn Sie präzise säen, können Sie das erste Vereinzeln überschlagen und so eine Woche gewinnen. Gießen Sie die Samen einmal pro Woche und legen Sie auf den Saatkasten eine Glasplatte (oder verwenden Sie ein Mini-Gewächshaus). Das ist notwendig, um Feuchtigkeit und Temperatur konstant zu halten. Abhängig von Sorte und Samenfrische keimen die Jungpflanzen nach einer bis zwei Wochen.

Aufzucht

Im Gegensatz zu den Tomaten wachsen die jungen Auberginen sehr langsam. Nach den spitzen Keimblättern erscheinen, wieder eine Woche später, die ersten echten, ovalen Blätter. Die 25 °C behält man so gut wie möglich bei. Die Jungpflanzen mögen die feuchte und warme Umgebung eines kleinen Gewächshauses, um weiter zu wachsen. Wenn die Pflanzen etwa 7 cm groß sind (zweite Märzhälfte), können sie in separate Töpfe gepflanzt werden. Mit einem Holzspatel holt man die Pflanzen vorsichtig aus der Erde und setzt sie in Töpfe von 5 x 5 x 5 cm. Im Gegensatz zu anderem Saatgut gibt man diesen Pflanzen schon etwas nahrhafteren Boden mit gut zersetztem Kompost. Die eingetopften Jungpflanzen werden wieder ins Gewächshaus gesetzt, bekommen viel Wasser und eine hohe Luftfeuchtigkeit und werden Tag und Nacht bei einer konstanten Temperatur von mindestens 20 °C gehalten. Auf diese Weise stagniert ihr Wachstum nur kurz. Nach einer Woche können sie ohne Folie oder Glasplatte in einem Gewächshaus weiterwachsen. Die Bodentemperatur von 20 °C bleibt auch dann noch wichtig.

Die Jungpflanzen wachsen nun weiter. Anhängig von der Wuchskraft werden sie Mitte April in einen Topf von 9 x 9 x 9 cm umgetopft und Anfang Mai in einen 15-cm-Topf. Die Töpfe werden immer mit nahrhafter Erde gefüllt und gut bewässert.

Feuchtigkeit Die Jungpflanzen brauchen viel Feuchtigkeit. Am besten gibt man das Wasser in eine Schale, in der die Pflanzen stehen. Allerdings sollten die Pflanzen zwischendurch gänzlich trocknen. Auch diese Sämlinge müssen regelmäßig (täglich) gelüftet werden, um Schimmelbildung zu vermeiden.

Topferde Nahrhafte Erde stellt man aus Kompost (Wurmhumus) und Kokosfasern zu gleichen Teilen her. Dieser Mischung kann man 5 % Kies oder Lavamehl, 10 % Lehm und 2 % Meeresalgen hinzufügen.

Nahrung Auberginen sind gierige Pflanzen. Sie wollen viel Feuchtigkeit und Nahrung. Übertreiben Sie aber nicht: Wenn Jungpflanzen zu blass werden und lang gestreckt wachsen oder zu viele Blätter entwickeln, gießen Sie etwas zu viel. Während Blüte und Fruchtansatz sollte man jedoch extra Wasser und Flüssigdünger geben; Tropfenbewässerung und kontinuierliche Bodenabdeckung sind ideal.

Auspflanzen

Ende Mai, Anfang Juni ist die gängigste Zeit, die Pflanzen auszupflanzen. Man sollte auf eine milde Periode warten, wobei vor allem die Nachttemperaturen wichtig sind.
Ein warmer, sonniger, windgeschützter Standort ist wichtig, ebenso nährstoffreicher, undurchlässiger Boden. Ein Pflanzloch von 30 x 30 x 30 cm mit einer ordentlichen Gabe Kompost, evtl. mit etwas Lehm vermischt, ist auf einem leichten Boden kein überflüssiger Luxus. Um dem Feuchtigkeitsbedürfnis der Pflanzen zu entsprechen, sollte man sofort den Boden bedecken. Kakaoschalen, Stroh oder grober Kompost – alles ist möglich, um die Pflanzen kontinuierlich mit zusätzlicher Feuchtigkeit und Nahrung zu versorgen.
In einem Gewächshaus hat man natürlich die nötige Wärme, aber auch hier sollte man sofort beim Auspflanzen die nötigen Maßnahmen ergreifen, um den Bedürfnissen der Auberginen gerecht zu werden. Auch hier sind Kompost, Lehm und Bodenabdeckung hilfreich.
Wer die Pflanzen weiter in Töpfen halten will, nimmt Töpfe von 20–25 cm und stellt sie in eine Schale. Für die Töpfe können Sie die gleiche Erde nehmen wie für die Aufzucht.

Wachsen

Anfang Juli sollten die Pflanzen schon ordentlich gewachsen sein. Auberginen wachsen zu kräftigen, verzweigten Sträuchern, groß aufbinden muss man sie daher nicht. Aber eine Stütze von etwa 50 cm Höhe hilft den Pflanzen, sich aufrecht zu halten, wenn sie mit Früchten beladen sind. Die ersten Blüten kommen jetzt zum Vorschein, und wenn sie gut befruchtet werden (die Pflanzen regelmäßig leicht schütteln oder Bienen und Hummeln ins Gewächshaus lassen), erscheinen manchmal unerwartet schnell die ersten kleinen Früchte. Einen Monat später sind sie zu reifen Früchten ausgewachsen.

Ernten

Auberginen werden geerntet, kurz bevor sie ausgewachsen sind, wenn sie einen zarten Glanz haben und sich kräftig anfühlen. Um sie zu ernten, kann man sie oben am Stängel abbrechen oder mit der Gartenschere abschneiden. Einmal geerntet, halten sie sich an einem kühlen Ort etwa eine Woche. Lassen Sie die Früchte nicht zu lange hängen, wenn sie einmal ihren Glanz und ihre Elastizität verlieren, verlieren sie auch ihren milden Geschmack. Man kann von August bis Ende Oktober ernten. Pflanzen im Topf kann man im Gewächshaus oder sogar im Wohnzimmer noch einen Monat länger gut halten.

Im Topf

Auberginen wachsen auffallend einfach im Topf. Gerade im Topf kann man sie optimal mit Wasser und Nahrung versorgen. Man beginnt mit einer guten Grundlage aus Kompost (25 %), angereichert mit 25 % Wurmhumus, 40 % Kokosfasern oder einfacher Erde und 10 % Lehm. Außerdem kann man groben Flusssand oder getrocknete Seealgen hinzufügen. Ein Topf mit 25 cm reicht vollkommen aus. Die frühreifen Sorten zeigen am schnellsten Ergebnisse. Im Sommer brauchen die Pflanzen täglich Wasser und für ein gutes Wachstum ist eine wöchentliche Düngung (Pflanzenjauche) nötig. Blattläuse können ein Problem darstellen, aber eine Seifenlösung in einem Zerstäuber hilft schnell und einfach.

Sorten

Auberginen sind sehr vielseitig und schon jahrhundertelang kultiviert worden. Das Angebot an Arten und Sorten ist beeindruckend. Aber von ihrer Herkunft her ist die Aubergine nicht wirklich eine Pflanze, die sich in unserem Klima wohlfühlt. Daher muss es bei uns die Selektion ermöglichen, sogar im Freiland und in wechselhaften Sommern diese herrlichen Früchte zu ernten. Es gibt besondere Sorten für die Topfzucht, kulinarische Ausreißer, bei denen der Geschmack im Mittelpunkt steht, Sorten, die aufgrund ihrer Produktivität herausragen, und Sorten, die durch ihre Blüte oder Fruchtform auffallen.

Ideal im Topf

Der begrenzte Umfang eines Topfes scheint im Widerspruch zu dem großen Bedarf an Nahrung zu stehen, aber gerade in einem Topf kann man den Pflanzen die ideale Nahrung und die richtige Menge an Feuchtigkeit einfach verabreichen. Eine etwas nährstoffreichere Erde zu Beginn und eine Schale unter dem Topf für reichlich Wasser und Flüssigdünger in den Sommermonaten sind wichtig für ein erfolgreiches Wachstum. Natürlich sollte man eine Sorte auswählen, die speziell für die Topfzucht geeignet ist, sodass schnell Früchte gebildet werden können. Wählen Sie auch eine kompakte und ertragreiche Wuchsform.

White Egg: Vielleicht die ursprünglichste „Eierpflanze". Schneller, kräftiger und kompakter Wuchs mit reicher Blüte, gefolgt von kleinen, eiförmigen, weißen Früchten. Sehr geeignet für Töpfe und ertragreich. Mäßig im Geschmack. Ernten Sie die Früchte jung oder nutzen Sie sie zur Dekoration. Die Früchte werden „überreif" gelb.

Little Fingers: Trotz ihres bescheidenen Namens ist dies eine großartige Sorte: früh und ertragreich, mit bis zu 20 länglichen, glänzenden Früchten an einer Pflanze. Manchmal mit fünf oder sechs fingerförmigen Früchten an einer Rispe. Helllila Blüten in Trauben beieinander. Geeignet für Topf oder Freiland. Mittelfrühe Ernte.

Ping Tung Long: Ihr Name verrät ihre asiatische Herkunft. Die Sorte gedeiht ausgezeichnet im Gewächshaus und im Topf. Schöne, längliche, dünne Früchte in Lila, oft mit einer weißen Seite. Auffällig als Pflanze und wegen der eleganten Form dekorativ beim Kochen.

Thai Green: Noch eine asiatische Sorte. Einfach, aber mäßig ertragreich. Das zarte Grün gibt besondere Farbeffekte. Für den besten Geschmack jung ernten. Geeignet für Topf und Gewächshaus.

Nördliche Sorten

Diese nördlichen Sorten kommen oft aus Ländern und Regionen, wo die Durchschnittstemperatur mit unserer vergleichbar ist. Es bleibt aber für die Aufzucht im Freiland wichtig, die wärmsten und am besten geschützten Standorte auszuwählen. Eine warme Mauer oder ein Stück eingeschlossener Garten sind ideal. Vergessen Sie nicht, die Pflanzen großzügig mit Nahrung und Wasser zu versorgen, um leckere Früchte ernten zu können.

Casper: Eine ziemlich neue Sorte mit langen, weißen, leckeren Früchten. Ziemlich früh und auffallend ertragreich. Geeignet für geschützte Freilandaufzucht. Kann auch in Töpfen gezogen werden.

Morden Midget: Absoluter Spitzenreiter fürs Freiland. Kompakt, früh und ertragreich, auch in weniger schönen Sommern. Schöne Ernte von 7–10 cm großen Früchten von August bis Oktober. Auch für Töpfe geeignet. Die am besten geeignete Sorte für unsere nördlichen Breiten.

Early Black Egg: Früh, ertragreich und geeignet für geschützte Freilandaufzucht. Alte Sorte mit herausragendem Ruf und gutem Geschmack. Auffällige, dunkle Pflanzen und Blüten. Auch für Topfe geeignet.

Applegreen: Eine hellgrüne, nördliche Sorte, die gute Ergebnisse im Freiland bringt. Kompakte, kräftige Pflanze.

Groß und geschmackvoll

Auberginen besitzen den Ruf, groß und voll zartem Aroma zu sein. Namen wie 'Black Beauty' oder 'Rosa Bianca' bringen das deutlich zum Ausdruck. Die großfrüchtigen Rassen kommen aus Italien und dem südlichen Amerika. In unserem Klima kann man nur im Gewächshaus so große Früchte ziehen. Die folgenden Sorten sind dem passionierten Liebhaber und den erfahrenen Gärtnern vorbehalten.

Rosa Bianca: Klassische und auffällige, alte italienische Sorte. Breite, große, oft gerippte Früchte in Weiß mit Rosa. Ausgezeichnet im Geschmack, spätreif. Fürs Gewächshaus, evtl. für Töpfe.

Black Beauty: Alter amerikanischer Klassiker. Große, breite, oft gerippte Früchte. Glänzend schwarz und ertragreich. Spätreif. Geeignet für Töpfe oder Freiland, aber unter Glas.

Diamond: Buchstäblich glänzende Früchte an dieser Sorte aus der Ukraine. Standardform und -modell mit gutem Ertrag. Fürs Gewächshaus oder geschütztes Freiland.

Antigua: Breite, kompakte Pflanze mit violetter Blüte und großen, auffallend gestreiften Früchten. Alte Sorte mit feinem Geschmack. Nur fürs Gewächshaus, evtl. im Topf.

Klein und exotisch

Indien, Thailand, Afrika ... kein Problem für eine vielseitige Frucht wie die Aubergine. Man kann die folgenden Pflanzen auch einfach in unserem Klima aufziehen, allerdings brauchen sie den Schutz von Glas. Oft sind es kleine, gedrungene Pflanzen mit Früchten in den merkwürdigsten Formen. Die größte Herausforderung wartet in der Küche, denn sie haben einen für uns zu aufdringlichen und oft bitteren Geschmack. Oft werden sie auch unreif oder in sehr jungem Zustand gegessen. Experimentieren erlaubt!

Kermit: Solanum-melongena-Hybride. Witzige und auffällige, kleine, weiß-grün marmorierte Früchte. Traditionelle thailändische Sorte für asiatische Gerichte. Kompakte, ertragreiche Pflanze. Nur fürs Gewächshaus.

Gbogname: Solanum macrocarpon. Bittere, grüne Früchte und essbare Blätter.
Hohe Hitzebeständigkeit.
Alte Sorte aus Togo, Westafrika.

Jade Sweet: Asiatische Eierfrucht, kompakt, blüht weiß. Breite, hellgrüne Früchte mit einem schönen Geschmack (jung ernten!). Geeignet für Töpfe oder Freiland, allerdings unter Glas.

Lao White: Asiatische Aubergine mit weißen, runden Früchten, die sich überreif gelb verfärben. Leicht bitterer Geschmack. Jung ernten.
Kompakte Pflanze für den Topf oder das Gewächshaus.

N'Drowa Issia:
Solanum aethiopicum.
Afrikanische Sorte.
Kompakte, aufrecht wachsende Pflanze. Die Früchte werden grün-gelb unreif gegessen. Auch die Blätter sind essbar.
Frühreif, für Töpfe und geschützt draußen.

Auffällig und besonders

Diese Pflanzen kann man sogar einfach zur Zierde aufziehen. Einige haben so schöne Früchte, dass man eine ganze Reihe dieser Sorten im Garten haben will. Was halten Sie von den auffälligen orangefarbenen Varianten, den hellrosa Sorten, Pflanzen mit Streifen oder in fluoreszierendem Rosa? Außerdem kann man alle gut essen und mit ihren besonders auffälligen Farben sind sie auch ein Augenschmaus.

Rosita: Mittelhohe, ertragreiche Pflanze mit auffälligen, mittelgroßen, fast fluoreszierenden, farbigen Früchten. Moderne Kultursorte, geeignet fürs Gewächshaus und Töpfe. Ziemlich früh.

Blue Devil: Halbhohe, ziemlich unbekannte Sorte aus einer Privatsammlung. Dunkelviolette, fast schwarze Früchte mit stumpfer Unterseite. Festes Fruchtfleisch, mäßig ertragreich. Nicht für Topfzucht geeignet.

Lavender Touch: Wenig bekannte, aber prächtig aussehende Sorte. Mittelfrüh, daher nur unter Glas zu ziehen. Ertragreich, mild und sahnig im Geschmack.

Turkish Orange: Solanum aethiopicum. Kleine, runde Früchte in glänzendem Orange. Das Fruchtfleisch ist süß und die Früchte sind voller Samen. Wird meist grün oder gerade gefärbt gegessen. Wächst stark. Geeignet für Zucht unter Glas oder geschützt im Freiland. Weniger geeignet für Topfzucht.

Hybride Auberginen

Ich selbst wähle vorzugsweise nicht-hybride, samenfeste Sorten. Die haben schließlich die Möglichkeit, sich zu nahezu identischen Pflanzen zu vermehren. Aber auch Hybriden haben ihre Daseinsberechtigung. Für den kommerziellen, intensiven Anbau im Gewächshaus sind Eigenschaften wie lange andauernde Fruchtbildung und eine einheitliche Ernte wichtig. Gründe, sie selbst einmal auszuprobieren und mit den „normalen“ Sorten zu vergleichen. Wetten, dass Sie doch die eigenen Rassen und die Möglichkeit, selbst Samen zu gewinnen, wählen?

Bride: Hybride. Schlanke Pflanze mit Trauben von violetten Blüten, gefolgt von ebenso schlanken weißen Früchten. Eine raffinierte Sorte. Gelingt am besten im Topf unter Glas.

Zebra: Hybride. Neuere Hybride mit einer schönen Produktion von auffälligen, gestreiften Früchten. Geeignet für Töpfe oder Freiland, nur unter Glas.

Orient Express: Neue Hybride mit einer regelmäßigen und großen Produktion. Dunkellila, längliche Früchte mit gutem Geschmack. Geeignet für Zucht unter Glas.

Green Goddess: Hybride. Helllimonengrüne, längliche Früchte bis zu 20 cm lang an ertragreicher Pflanze. Ein milder Geschmack und Früchte in Hülle und Fülle. Gelingt nur mit der extra Wärme eines Gewächshauses.

Auberginen kulinarisch

Leckere Auberginengerichte beginnen mit einer guten Qualität der Früchte. Frisch geerntete Exemplare glänzen matt, fühlen sich elastisch an und sind ausgewachsen. Witzige Formen und Schnörkel oder andere Schönheitsfehler sind kein Problem. Alte Auberginen schmecken bitter statt sahnig. Nirgends findet man Rezepte mit rohen Auberginen.

Die Früchte werden vor dem Gebrauch kurz gewaschen. Oft werden Auberginen längs durchgeschnitten und mit Salz bestreut, um einen Teil der Feuchtigkeit aus den Früchten zu holen. Das scheint mir nicht immer nötig. Eine der einfachsten Arten, Auberginen zuzubereiten, ist, indem man sie in grobe Stücke schneidet und mit Zwiebeln und Knoblauch in heißem Olivenöl etwa 10 Minuten anbrät. Dann lässt man sie – zugedeckt – noch kurz garen. Abschließend kann man noch einige Tomaten hinzufügen.
Auberginen müssen durch und durch gar und weich sein, um ihren vollen, sahnigen Geschmack zu enthüllen, also verlangt die Zubereitung etwas Geduld. Die Zubereitungszeit kann man etwas verkürzen, indem man die Stücke verkleinert und sie schnell brät.
Auberginen sind auch ideale Früchte für Eintöpfe und Gerichte wie Ratatouille, die etwas Zeit benötigen, um sich geschmacklich zu entfalten.
Auberginen saugen während des Bratens sehr viel Öl auf, aber am Ende geben sie das aufgenommene Öl auch wieder ab.

Auberginen sind spielerische Früchte, mit denen man kreativ kochen kann. So gibt es die kleinen, feinen und länglichen asiatischen Früchte, die man im Ganzen oder längs in schmale Streifen geschnitten in Reisgerichte mischen kann. Die runden Früchte kann man auf Holzspießchen stecken, gemischt mit Zwiebeln, Champignons und Paprika (schärfer oder mild). Die großen Eierfrüchte kann man in Scheiben geschnitten in Aufläufen verwenden. Genug Möglichkeiten also, diese Früchte zu gebrauchen.
Außer dem fast obligatorischen Olivenöl sind Knoblauch, Zwiebel, Tomate, Paprika, Kräuter wie Koriander und Basilikum und Gewürze wie Pfeffer und Curry die idealen Begleiter, um den feinen Geschmack der Auberginen in Gänze zu seinem Recht kommen zu lassen.

Die einfachste (und fettfreie) Art, Auberginen herrlich zart und gar zu bekommen, ist, indem man die Früchte mit einer Gabel einige Male einsticht und sie dann eine gute Stunde in einen mäßig warmen Ofen legt. Anschließend schneidet man sie auf, bestreut sie mit etwas Salz und Pfeffer, fügt evtl. etwas Knoblauch und Olivenöl hinzu und löffelt sie einfach aus.

Ratatouille Niçoise

Eins der bekanntesten Gerichte mit Auberginen ist die Ratatouille aus Frankreich. Ein herrlicher Eintopf, der den Auberginen die Gelegenheit gibt, ihren vollen Geschmack zu entwickeln.

4 mittelgroße Auberginen, in Würfel geschnitten * 2 mittelgroße Zucchini, in dicke Scheiben geschnitten * 4 rote süße Paprika in Streifen * 2 große Zwiebeln, grob gewürfelt * 4 große Tomaten * 2 Knoblauchzehen * Salz * Pfeffer * Thymian * Lorbeer * 4 EL Olivenöl * Basilikum nach Geschmack

Braten Sie die Auberginen im Olivenöl an und fügen Sie die Zwiebeln hinzu. Lassen Sie diese Mischung 10 Minuten zugedeckt schmoren. Geben Sie dann Zucchini, Paprika, Thymian und Lorbeer dazu und lassen Sie alles erneut abgedeckt 5 Minuten schmoren. Fügen Sie anschließend Tomaten und Knoblauch hinzu und lassen Sie alles zusammen 20 Minuten sanft köcheln. Schmecken Sie mit Salz und Pfeffer ab, garnieren Sie mit Basilikum und servieren Sie die Ratatouille mit Brot, Kartoffeln oder Reis.

Auflauf

Mit den gleichen Zutaten können Sie auch herrliche Aufläufe zubereiten.

4 große Auberginen * 2 große Zwiebeln * 4 Knoblauchzehen * 4 große Tomaten * 10 EL Olivenöl * 2 EL geriebener Käse * Salz * Pfeffer * Basilikum nach Geschmack

Hacken Sie die Zwiebeln klein und dünsten Sie sie in Olivenöl an. Schneiden Sie die Auberginen in $^1/_2$ cm dicke Scheiben. Heizen Sie den Ofen auf 200 °C vor. Fetten Sie ein Backblech mit 2 EL Olivenöl ein und bestreuen Sie es mit Salz. Legen Sie die Auberginenscheiben darauf und lassen Sie sie in 10 Minuten weich werden. Fetten Sie eine Auflaufform mit Olivenöl ein und legen Sie eine Lage Auberginenscheiben hinein. Bedecken Sie diese Schicht mit Zwiebeln und dünnen Tomatenscheiben. Bestreuen Sie sie mit Knoblauch und klein geschnittenem Basilikum. Wiederholen Sie diesen Vorgang. Streuen Sie auf die letzte Schicht Tomaten Salz, Pfeffer und den geriebenen Käse. Gießen Sie etwas Olivenöl darüber und schieben Sie die Form für 45 Minuten in den Ofen.

Baba ganoush (Auberginenpaste)

1 große Aubergine * 4 Knoblauchzehen * 2 EL Tahin (Sesampaste) * 1 EL Olivenöl * Saft von 1 Zitrone * Cayennepfeffer * Salz * Pfeffer * 1 Bund Koriander

Rösten Sie die Aubergine im Ofen oder auf offenem Feuer, bis sich Blasen bilden und der Inhalt sich weich anfühlt. Schneiden Sie die Aubergine auf und löffeln Sie die weiche Füllung hinaus. Pürieren Sie diese mit Knoblauch, Tahin, Olivenöl und Zitronensaft. Bestreuen Sie die Paste großzügig mit Koriander und servieren Sie sie zu Fladenbrot.

Nährwert: roh und zubereitet, pro 100 g

Wasser: 91,7–92,3 g | Kalorien: 26–28 | Protein/Eiweiß: 0,83–1,02 g | Fett: 0,18–0,23 g | Kohlehydrate: 6,07–6,64 g | Ballaststoffe: 2,5 g | Trockenmasse: 0,54–0,71 g | Kalzium: 6–7 mg | Eisen: 0,27–0,35 mg | Magnesium: 13–14 mg | Phosphor: 22 mg | Kalium: 217–248 mg | Natrium: 3 mg | Vit. C: 1,3–1,5 mg | Vit. B1, Thiamin: 0,052–0,076 mg | Vit. B2, Riboflavin: 0,02–0,034 mg | Vit. B3, Niacin: 0,59–0,6 mg | Vit. B5: 0,075–0,2 mg | Folsäure: 13 mcg | Vit. A: 4–5 mcg

Imam bayaldi

Imam bayaldi ist eins der bekanntesten Auberginenrezepte und es ist nicht vollständig ohne die dazugehörige Geschichte: Vor langer Zeit lebte im Osten ein alter Imam, der in ein junges Mädchen verliebt war. Der Imam ging zu dem Vater des Mädchens und verlangte als Mitgift zwölf große Fässer bis oben gefüllt mit dem reinsten Olivenöl. Nach der Hochzeitsnacht legte das Mädchen Auberginen in die Fässer und die Auberginen saugten so viel von dem Öl auf, dass sie nach elf Tagen die ganze Mitgift buchstäblich ausgetrunken hatten. Angesichts dieser Tatsache fiel der Imam sofort tot um.

2 längliche Auberginen, längs durchgeschnitten * Salz * 4 EL Olivenöl * 2 Zwiebeln, in sehr dünne Ringe geschnitten * 2 gepresste Knoblauchzehen * 1 klein geschnittene grüne Paprika * 4 große Tomaten, gewürfelt * Pfeffer * 2 EL klein geschnittener frischer Koriander

Schneiden Sie die halben Auberginen mit einem scharfen Messer an der Oberfläche ein, bestreuen Sie sie mit Salz und lassen Sie sie 30 Minuten in einem Durchschlag abtropfen. Spülen Sie sie ab und tupfen Sie sie trocken. Braten Sie die Auberginen 10 Minuten in einer Pfanne in dem Olivenöl mit der aufgeschnittenen Seite nach unten an. Lassen Sie sie abtropfen und legen Sie sie in eine Auflaufform. Dann braten Sie Zwiebeln, Knoblauch und Paprika etwa 10 Minuten in der Pfanne an, wenn nötig mit etwas zusätzlichem Olivenöl. Geben Sie die Tomaten dazu und lassen Sie das Ganze noch 5 Minuten köcheln. Geben Sie abschließend den Koriander hinzu, gießen Sie die Gemüsemischung über die Auberginen und geben Sie die Auflaufform für 30–45 Minuten in den heißen Ofen. Servieren Sie das Gericht kalt mit Fladenbrot.

Geröstete Auberginen

Noch eine einfache Zubereitung, die wenig Mühe macht und schnell den vollen Geschmack der Auberginen zur Geltung bringt.

Schneiden Sie eine Aubergine längs in $^1/_2$ cm dünne Scheiben. Bestreichen Sie die Scheiben auf beiden Seiten mit Hilfe eines Pinsels mit Olivenöl. Legen Sie sie auf einen Rost und bestreuen Sie sie mit grobem Meersalz, Pfeffer und gepresstem Knoblauch. Schieben Sie den Rost für 10–15 Minuten auf die oberste Schiene in den heißen Ofen (Grill). Meistens reicht es aus, nur eine Seite zu grillen. Falls man dickere Scheiben (z. B. 1 cm) hat, kann man sie nach 10 Minuten einmal umdrehen. Servieren Sie sie mit Tomatensalat.
Auberginen kann man auch prima auf einem Holzkohlenfeuer grillen. Dafür kann man auch ganze Auberginen verwenden. Diese lässt man einfach in der heißen Asche garen. Anschließend schneidet man sie auf und löffelt sie aus. Oder man spießt Auberginenstücke auf Holzspieße. Die Auberginenstücke kann man vor dem Grillen noch mit Olivenöl einpinseln.

Nahrung und Pflege

Will man eine gute Ernte einfahren, muss man die Pflanzen während des Wachstums gut nähren und pflegen. Die Mittel dafür kann man im eigenen Garten ernten.

Gesunde, kräftig wachsende Pflanzen, beladen mit einer reichen Ernte, brauchen regelmäßig Aufmerksamkeit und eine ganze Reihe an Nährstoffen, mit denen sie ihre speziellen Bedürfnisse befriedigen können. Kompost ist so ein Wundermittel, einfach weil er ein breites Angebot an Nährstoffen enthält, die in einem Sack mit gekauftem Dünger nicht enthalten sein können. Man kann selbst mit Pflanzen aus dem eigenen Garten ein nahrhaftes Basisprodukt zusammenstellen. Dafür brauchen wir drei verschiedene Pflanzen, die aber fast überall als normales Unkraut wachsen.

Die erste in dieser Reihe ist die **Brennnessel**. Die Pflanzen wachsen mit ihren flachen Wurzeln auf stickstoffreichem Boden und nehmen auf diese Art auch einen großen Vorrat an Stickstoff und Mineralien (Kalzium) in ihren Blättern und Stängeln auf. Brennnesseln gibt es fast die ganze Wachstumsperiode. Man kann sie sogar einige Male pro Saison ernten und danach wachsen sie leidenschaftlich weiter.
Die zweite Pflanze in der Reihe ist der **Gemeine Beinwell**. Auch diese Pflanzen sind nicht wirklich selten. Aus dicken fleischigen Wurzeln wachsen ab dem Frühjahr große breite Blätter, die man einfach abschneiden oder -brechen kann. Auch bei diesen Pflanzen ist es fast unmöglich, sie zu entfernen, sie werden nach der ersten Frühjahrsernte schnell wieder wachsen und noch eine zweite, manchmal dritte Blattproduktion im Sommer und Herbst starten. Die großen Blätter, Stängel und Wurzeln enthalten viel Kalium.
Nummer drei ist der **Ackerschachtelhalm** oder Equisetum. Wer diese Pflanzen im Garten hat, betrachtet sie vielleicht zu schnell als lästiges Unkraut. Es sind primitive Pflanzen, die voller Kieselsäure sind, geeignet, um die Zellwände der Pflanzen zu verstärken und einen besseren Schutz gegen Schimmel und Insekten zu entwickeln.

Dieses Trio bildet die perfekte Basis für Pflanzenjauche, die ganz einfach herzustellen ist. Man füllt einfach eine Tonne oder einen großen Kübel mit Regenwasser und fügt eine große Menge dieser drei Pflanzen hinzu. Im Wasser setzen diese Pflanzen schnell ihre Nährstoffe frei. Durch tägliches Umrühren beschleunigt man diesen Prozess. Schnell beginnt der Gärprozess und es entsteht ein unangenehmer Geruch. Man kann diesen Geruch binden, indem man einige Hände voll Steinmehl (Bentonit oder Lavamehl) hinzufügt, aber nach ungefähr zwei Wochen verschwindet der Geruch und die Jauche ist fertig. Schöpfen Sie einen Eimer der dunkelgrünen Flüssigkeit aus der Tonne. Verdünnen Sie sie mit etwa zehnmal so viel Wasser und gießen Sie sie an den Fuß der Pflanzen.
Diese pflanzliche Flüssignahrung kann man bei allen Pflanzen einsetzen. Tomaten bekommen einen Eimer von dieser Verdünnung ein- bis zweimal pro Saison als Ergänzung zu dem Kompost, den sie beim Auspflanzen bekommen haben. Paprika stellen höhere Ansprüche und wollen diese Behandlung drei- bis viermal pro Saison. Die gierige Aubergine, die auch viel mehr Wasser braucht als die zwei anderen, bekommt bis zu sechsmal eine Jauchegabe.
Wenn man die Tonne regelmäßig mit Regenwasser befüllt und zusätzlich junge Pflanzen hineingibt, hat man das ganze Jahr hindurch kostenlose, schnell wirkende, abwechslungsreiche Pflanzennahrung.

Wasser

Ohne Feuchtigkeit wachsen Pflanzen nicht. Aber der richtige Augenblick, die passende Menge und manchmal auch das Entfernen von zu viel Feuchtigkeit sind ebenso wichtig.

Es gibt einen deutlichen Unterschied zwischen den drei Pflanzen, die wir hier behandeln. Tomaten wollen schon Wasser haben, aber ziehen eine trockene Umgebung und eine niedrige Luftfeuchtigkeit vor, um problemlos zu wachsen. Im Gewächshaus ist es wichtig, die Pflanzen mit viel Wasser zu versorgen. Die meisten Gärtner machen aber den Fehler, zu oft zu wässern. Wenn man den Jungpflanzen beim Auspflanzen einen Eimer Wasser „an die Füße" gießt, sollten sie damit leicht eine oder zwei Wochen auskommen. Nach diesen zwei Wochen bekommen sie wieder einen vollen Eimer pro Pflanze. Zwischendurch suchen die Wurzeln tief in der Erde nach Feuchtigkeit. Indem man wieder zwei Wochen mit dem Gießen wartet, haben sich die Wurzeln tief genug in die Erde vorgearbeitet, sodass sie sich teilweise selbst mit Feuchtigkeit versorgen. So kann man alle zwei Wochen weitergießen bis September, dann stellt man das Gießen ein. Mit acht- bis neunmal Gießen ist es getan. Die Pflanzen haben genügend Feuchtigkeit, das Gewächshaus bleibt trocken und man kann problemlos und krankheitsfrei ernten. Die Verwendung einer umgedrehten Plastikflasche am Fuß der Pflanzen ist prima. Bei extrem warmem Wetter kann man zusätzlich gießen und auch auf leichten Böden kann das nötig sein. Wer eine gute Bodenabdeckung hat, wird weniger häufig gießen müssen. Dass Tomatenpflanzen nach einem heißen Tag etwas schlaff herunterhängen, macht nichts. Wenn sie morgens wieder frisch geradestehen, ist alles in Ordnung.
Freilandtomaten brauchen, außer beim Auspflanzen, kein Wasser. Das Problem ist eher, dass zu viel Feuchtigkeit vom Himmel fällt. Die Pflanzen wachsen im Frühsommer oft kräftig und gesund heran, aber sobald die ersten grünen Früchte gebildet sind (und die Pflanzen eigentlich schon ein wenig absterben), werden sie empfindlicher. Ein einzelner Regenschauer ist kein Problem, aber wenn es mehrere Tage hintereinander regnet und die Luft feucht ist, vor allem in ziemlich warmen Perioden im Sommer, dann bilden sich schnell Schimmel und faule Stellen. Sorgen Sie daher bei Freilandtomaten immer für Regenschutz. Niedrige Strauchtomaten bekommen dann beispielsweise einen niedrigen Erdbeerentunnel mit Bögen und Folie. Lassen Sie die Tomaten ruhig offen wachsen, aber sobald feuchte Tage kommen, muss man den Schutz anbringen. Lassen Sie dabei zur Lüftung beide Enden offen. Da diese Sträucher nicht zurückgeschnitten werden müssen, werden sie auch weniger von Schimmel und Krankheiten befallen.
Höher wachsende Kletterpflanzen kann man mit einem Schutzdach versehen, damit alles, was von oben kommt, nicht auf die Pflanzen fällt, sondern daneben. Eine Bodenabdeckung mit Stroh hält die Tomatenpflanzen sauber und trocken und wirkt auf diese Art auch schimmelabweisend.
Paprika brauchen im Gewächshaus mehr Feuchtigkeit und bekommen am liebsten alle sieben bis zehn Tage Wasser. Im Freiland sind sie weniger empfindlich und die frühreifen Sorten brauchen in einem normalen Sommer keinen Regenschutz.
Auberginen brauchen im Gegensatz zu Tomaten sehr viel Feuchtigkeit, sowohl am Fuß der Pflanzen als auch in Form

von Luftfeuchtigkeit. Im Gewächshaus brauchen sie wöchentlich Wasser, am liebsten in Kombination mit Flüssignahrung. Im Freiland brauchen sie nicht unbedingt einen Regenschutz, aber einen besonders warmen Standort. Außerdem bekommen sie gerne alle zwei Wochen extra Wasser und Nahrung.

Glas oder Folie, ein schönes Gartengewächshaus oder ein selbst gebauter Plastiktunnel – das macht keinen großen Unterschied. Unter Glas und Folie wächst alles schneller, aber man muss sich mehr darum kümmern, um alles unter Kontrolle zu halten. Sorgen Sie auf alle Fälle für ausreichende Lüftung. Im Freiland wächst alles etwas langsamer, aber sonst ohne große Probleme. Topfpflanzen brauchen am meisten Aufmerksamkeit. Im Sommer wollen sie gern täglich gegossen werden und brauchen regelmäßig Zusatznahrung.

Bodenabdeckung

Allzu oft liegt unser Boden nackt da. Ebenso wie in freier Natur sollte er eigentlich eine Schutzschicht haben, um Wetter- und Windeinflüsse abzumildern. Aber so eine Schicht am Fuß der Pflanzen kann noch mehr Funktionen haben.

Das Wichtigste ist tatsächlich, Einflüsse von außen abzumildern: Kälte, Wärme, Wind, Regen, Eis ... Aber gleichzeitig kann so eine Schicht auch Feuchtigkeit halten, die Verdunstung verlangsamen, Nahrung speichern, und damit ist noch nichts gesagt über Tausende von Mikro-Organismen, die in so einer Schicht für die richtigen Wachstumsverhältnisse sorgen.

Tomaten mögen eine lang wirkende, milde Nahrung; eine Schicht aus halb verrottetem Kompost ist ideal für sie. Die im Freiland wachsenden Strauchtomaten profitieren von einer Lage Stroh, die Früchte und Pflanzen sauber hält. Im Gewächshaus ist eine Extraschicht aus Gartenvlies nützlich, um die Verdunstung zu verlangsamen und weniger oft gießen zu müssen.

Paprika und ihre Kollegen haben gerne zu Beginn etwas mehr Nahrung von feiner Qualität; und gut verrotteter Kompost oder Wurmhumus ist kein Luxus. Um die Feuchtigkeit zu halten, ist eine Lage Flachskörner ideal. Sie halten den Boden dicht und geben Extranahrung während des Wachstums.

Auberginen sind gierige Pflanzen und hier ist eine schöne und reich nährende Bodenabdeckung aus Kakaoschalen ausgezeichnet – außer wenn Sie Extrawärme wollen. Dann geben Sie den Pflanzen eine schwarze Mulchfolie. So hält man die Feuchtigkeit und der Boden wird besonders warm.

Eine wichtige Funktion der Bodenabdeckung ist auch das Hemmen von Unkraut. Eine ordentliche Portion Blätter, eine Lage klein geschnittene Unkräuter, gemähtes Gras ... alles hemmt den Wuchs von Unkraut. Drastischere Mittel wie Schichten aus Zeitungspapier, eine Lage Pappe oder eine Mulchfolie sind nützlich, wenn Wurzelunkraut die Pflanzenfreude zu verderben drohen. Man kann mit der Bodenabdeckung kaum übertreiben. Sorgen Sie für ausreichende Abwechslung und für verschiedene dünne Schichten, sodass eine permanente Kompostlage im ganzen Garten liegt. Ihre Pflanzen werden es Ihnen danken. Eine Bodenabdeckung können Sie aus dem zusammenstellen, was Sie finden, gratis im Garten haben oder kaufen können.

Wurmhumus: reiche, sanft wirkende Nahrung | Stroh: ideal, um Pflanzen trocken und sauber zu halten | Pflanzenabfall: Unkraut abschneiden und sofort wiederverwenden | roher Kompost: ungesiebt und halb verrottet | Zeitungspapier: einfach einige Lagen übereinander; es verrottet in einer Saison und kann täglich aufgefüllt werden (Regenwürmer lieben es) | rohe Kokosfasern: schön zu einem Teppich zusammenzudrücken | Blätter: zwischen den Reihen zu verwenden; ideal, um den Humusgehalt der Erde zu verbessern | Strohhäcksel: gehacktes und gepresstes Stroh schwillt durch Regen an zu einer schönen Lage rund um die Pflanzen | Flachskörner: etwas höherer Nährwert; schwellen durch Regen an zu einer schönen geschlossenen Schicht | schwarze Mulchfolie: lässt Wasser durch; hemmt alle Unkräuter und sorgt für zusätzliche Wärme | Rindenmulch: stiehlt etwas Nahrung, daher etwas mehr Jauche geben | weißes Mulchvlies: hemmt Unkrautwachstum und bringt zusätzliches Licht zwischen die Reihen | Pappe: eine drastischere Version der Zeitung | gemähtes Gras: jede Woche wieder vorrätig | Hanf: schön und nachhaltig | Kakaoschalen: schöne Bodenabdeckung und die ganze Saison Zusatznahrung.

12 Monate

Januar Zu Beginn des Jahres planen wir die neue Saison. Alle Samenlieferanten haben jetzt neue Kataloge und man kann im Internet nach alten und neuen Sorten suchen. Wenn man Mitte Januar bestellt, hat man Mitte Februar alles da. Bestellt man später, riskiert man, im Frühjahrsansturm zu landen, und dann können sich Lieferzeiten verzögern.

Februar Diesen Monat kann man der Vorbereitung widmen. Säubern Sie Anzuchtschalen mit warmem Wasser und Spülmittel. Bringen Sie das Gewächshaus in Ordnung und sorgen Sie für gute Erde. Wer im Gewächshaus Bodenwärme hat, kann Mitte Februar bei 24 °C Auberginen säen.

März Wer auf der Fensterbank starten muss, kann jetzt Auberginen säen. Zwei Wochen später kommen die Paprika und Ende des Monats die Tomaten. Sorgen Sie vor allem nachts für die richtigen Temperaturen, sodass alles schnell keimt. Im (beheizten) Gewächshaus kann man Anfang des Monats Paprika und Mitte März Tomaten säen. Säen Sie in den Anzuchtschalen alles mit viel Abstand (ein Samen pro Zentimeter in der Reihe), dann haben die Sämlinge genügend Platz und Licht, um sich in den ersten Wochen kräftig zu entwickeln. So kann man mit dem Vereinzeln noch etwas warten. Halten Sie die jungen Sämlinge schön warm und decken Sie sie nachts mit Folie oder einem transparenten Deckel ab. Tagsüber dürfen sie sich langsam an das offene Gewächshaus oder die Zimmerluft gewöhnen. Vorsichtig mit Wasser sein, besprühen ist ideal und ausreichend.

April Es wird Zeit, die Pflanzen zu vereinzeln. Wenn die Jungpflanzen ihre ersten echten Blätter entwickelt haben, holt man sie vorsichtig aus der Anzuchterde und pflanzt sie ein Stück tiefer, bis zu den ersten echten Blättern, in einen 5-cm-Topf. Die Töpfe können wieder in eine Art Minigewächshaus gestellt werden. Topfen Sie nicht in der vollen Sonne um. Die einzelnen Pflanzen bekommen die nötige Sorgfalt, um den Pflanzschock so gut wie möglich zu überwinden. Nachts wird wieder abgedeckt und man ist vorsichtig mit Gießen. Auberginen haben wir zuerst gesät, denn sie wachsen am langsamsten. Tomaten starteten zuletzt, aber sie holen schnell auf, sodass Ende April alles umgetopft ist. Die Pflanzen wachsen jetzt sehr schnell. Man braucht sie nicht mehr abzudecken. Stellen Sie die jungen Pflanzen in einen geschlossenen Behälter oder in eine Schale, sodass man regelmäßig von unten gießen kann. Die Pflanzen, die im Haus gezogen werden, muss man regelmäßig drehen, damit sie nicht schief in die Richtung des Lichtes wachsen.

Mai Wenn die Jungpflanzen in den Töpfen (5 cm) mit ihren Blättern aneinanderwachsen, wird es Zeit, sie ein zweites Mal umzutopfen. Man holt jede Pflanze aus ihrem Topf und setzt sie mit den intakten Wurzelballen wieder etwas tiefer in einen Topf mit 9 cm. Gegen Ende des Monats – zumindest wenn die Tage und vor allem die Nächte angenehme Temperaturen haben – kann man die Pflanzen nach draußen oder an ihren endgültigen Ort unter Glas pflanzen. Eine ordentliche Kompostgabe und ein Eimer Wasser pro Pflanze reichen für den Beginn.

Juni Die Kletterpflanzen unter den Tomaten bekommen einen Stützstab, werden aufgebunden und ausgegeizt, und wir versehen die Sträucher mit einer Bodenabdeckung. Vielleicht brauchen sie etwas Extrawasser. Geben Sie Ihren Tomaten wenig Nahrung und Wasser, sodass ihre Wurzeln auf der Suche nach Feuchtigkeit und Nahrung tief und weit in den Boden gehen. Auberginen wollen andererseits etwas mehr Wasser und manchmal auch etwas Extraschutz aus Plastikfolie, um die kälteren Perioden zu überbrücken.

Juli Die allerfrühesten Strauchtomaten bilden jetzt ihre ersten Früchte und vielleicht kann man schon etwas kosten. Im Gewächshaus weiterhin ausgeizen und evtl. aufbinden. Mäßig gießen, einmal alle zehn Tage oder zwei Wochen reicht. Bedecken Sie den Boden zwischen den Pflanzen, auch unter Glas. Dadurch wird die Feuchtigkeit gehalten, die Erde bleibt kühl und feucht und das Klima trocken. Paprika und Auberginen bekommen eine nahrhaftere Bodenabdeckung und Auberginen werden gerne einmal pro Woche gegossen und mit Flüssignahrung versorgt. Freilandtomaten bekommen kein zusätzliches Wasser, die müssen mit dem, was vom Himmel fällt, auskommen.

August Jetzt gibt es die ersten Freilandtomaten vom Strauch, die ersten frühen Tomaten unter Glas, die ersten Paprika und vielleicht Ende des Monats (alles stark abhängig vom Sommer) die ersten Auberginen. Man geizt die Tomaten aus und bindet sie auf, und Paprika und Auberginen bekommen einen Stützstab. Die Tomaten wenig und die Auberginen großzügig düngen und gießen. Bei lang anhaltendem Regen müssen die Freilandtomaten geschützt werden, um die Pflanzen trocken und krankheitsfrei zu halten.

September Jetzt kann geerntet werden. Die letzten Freilandtomaten müssen vor dem Herbstregen geerntet werden. Bei späteren Sorten muss man für Regenschutz sorgen. Die Gewächshaustomaten werden jetzt gestutzt und – wenn nötig – weiter ausgegeizt. Auberginen und Paprika reifen jetzt schön aus und wir hören auf, zu düngen und zu gießen und lassen alle Früchte in Ruhe ausreifen.

Oktober Auch jetzt ernten wir noch reichlich. Wir können vollends genießen und holen täglich eine reiche Ernte ins Haus. Zeit für Suppen und Saucen, vielleicht trocknen wir die Früchte oder machen sie ein. Halten Sie alles trocken und lassen Sie alles ausreifen.

November Zeit, um aufzuräumen. Die letzten Tomaten, Paprika und Auberginen kann man besser jetzt ernten, bevor der erste Frost zuschlägt. Einen Teil der Früchte kann man sofort verarbeiten, einen Teil kann man drinnen auf der Fensterbank nachreifen lassen. Vielleicht wollen Sie einmal versuchen, von einigen schönen Früchten die Samen zu ernten.

Dezember Wenn alles geerntet ist, sollte man die zurückgebliebenen Pflanzen aufräumen. Im Gewächshaus ist es auf jeden Fall wichtig, dass im Winter alles ordentlich ist. Alle Pflanzen müssen daher entfernt werden. Bringen Sie sie auf den Komposthaufen und räumen Sie die Stützstäbe weg. Legen Sie evtl. eine Bodenabdeckung an. Im Gewächshaus können Sie den Boden einmal gießen.

Tomaten von 'Amish Paste' bis 'Green Bell Pepper'

150 Tomaten, alphabetisch sortiert, mit der Angabe von Farbe und Form, Wuchsform: Strauch oder Kletterpflanze, Aufzucht: Freiland, Gewächshaus und/oder Topf, Anzahl der Tage zwischen Blüte und Frucht und die Seite, auf der man die Abbildung findet.

Sorte	Form und Farbe	Strauch/Kletter-pflanze	Freiland/Gewächs-haus/Topf	Tage zwischen Blüte und Frucht	abgebildet auf Seite
Amish Paste	groß, oval, rot	K	G	85	35
Amish Salad	klein, rot, rosa	K	G	75	
Angora Super Sweet	mittelgroß, rot, rund	K	G	75	
Anna Russian	groß, herzförmig, rot	K	G	85	
Aroma Red	länglich, gelb	S	G	75	23
Banana Legs	langwerpig, geel	S	G	65	
Big Rainbow	extra groß, breit, mehrfarbig	K	G	90	32
Birdie	klein, spitz, gelb	S	T	65	26
Black Cherry	klein, schwarz	K	G	75	28
Black Krim	groß, breit, schwarz	K	G	85	28
Black Plum	klein, oval, schwarz	K	G	75	
Black Prince	mittelgroß, schwarz	K	G	75	28
Black Zebra	mittelgroß, rund, rot-schwarz gestreift	K	G	75	34
Break o'Day	groß, rund, rot	K	G	75	
Brown Flesh	mittelgroß, quadratisch, schwarz	K	G	85	31
Burgess Stuffing	mittelgroß, quadratisch, orange	K	G	80	31
Bush Beefsteak	groß, breit, rot	S	F	65	
Caro Rich	groß, flach, tieforange	K	G	80	25
Caroletta	klein, spitz, orange	S	T	65	25
Ceylon	klein, tief gerippt, rot	K	G	80	
Cherisita	klein, rot	K	G	65	27
Cherokee Purple	groß, breit, schwarz	K	G	80	
Coeur de Velours	extra groß, herzförmig, rot	K	G	95	32
Costoluto Genovese	flach, breit, gerippt	K	G	75	35
Cream Sausage	länglich, cremeweiß, Pastatomate	S	G	65	
De Barro Black	mittelgroß, oval, schwarz	K	G	75	28
Dix Doigts de Naples	länglich, rot	K	G	80	23
Douce de Picardie	breit, gerippt, weiß	K	G	75	
Early Wonder	rund, mittelgroß, rot	S	F	55	
Egg-tomato	oval, mittelgroß, rot	K	G	75	
Elfin	oval, klein, rot	S	T, F	55	26
Eva Purple Bell	mittelgroß, rund, rosa	K	G	75	
Evergreen	groß, breit, Fleischtomate	K	G	75	22
Federlee	länglich, spitz, rot Pastatomate	K	G	85	
Florida Petite	Mikro-Tomate, rot		T	40	
Fruty	klein, rot	K	G	65	27
Fuzzy Wuzzy	oval, klein, gestreift	S	F, T	60	34
Galina's	klein, rund, gelb	K	G	75	
Garden Peach	mittelgroß, rund, weiß	K	G	75	29
Garden Pearl	klein, rot	S	T	60	26
Gardener's Delight	klein, rot	K	F	65	27
Gelbes Birnchen	birnenförmig, klein	K	G, T	75	24
Giant Belgium	extra groß, breit, rot	K	G	85	33
Glacier	rund, mittelgroß, rot	S	F	55	
Golden Sunray	groß, rund, orange	K	G	85	
Golden Sunrise	groß, gelb	K	G	80	
Grape Tomato	klein, rund, rot, süß	K	G	55	
Green Banana	länglich, gestreift	S	G, T	60	
Green Bell Pepper	groß, quadratisch, grün	K	G	85	31

Tomaten von ‘Green Grape’ bis ‘Minora Lutea Prairie Fire’

150 Tomaten, alphabetisch sortiert, mit der Angabe von Farbe und Form, Wuchsform: Strauch oder Kletterpflanze, Aufzucht: Freiland, Gewächshaus und/oder Topf, Anzahl der Tage zwischen Blüte und Frucht und die Seite, auf der man die Abbildung findet.

Sorte	Form und Farbe	Strauch/Kletterpflanze	Freiland/Gewächshaus/Topf	Tage zwischen Blüte und Frucht	abgebildet auf Seite
Green Grape	klein, grün, rund	K	G	70	22
Green Zebra	mittelgroß, rund, gestreift	K	G	75	34
Ida Gold	klein, rund, orange	S	F	45	25
Ildi	klein, oval, gelb	K	G	65	
Isis Candy	klein, orange-rot, süß	K	G	65	
Italian Red Pear	groß, birnenförmig, rot	K	G	80	
Japonaise Basse	klein, rot	S	T	60	26
Jaune Flammé	mittelgroß, rund, orange	K	G	70	25
Jersey Devil	länglich, spitz, groß, rot	K	G	85	35
Kellog's Breakfast	groß, breit, orange	K	G	90	32
King Humbert	länglich, rot	S	G	75	23
Legend	rund, mittelgroß, rot	K	G	65	
Lemon	Zitronenmodell, gelb	K	G	75	31
Lemon Tree	länglich, gelb	K	G	75	24
Liberty Bell	groß, quadratisch, rot	K	G	85	31
Lime Green Salad	mittelgroß, breit, grün	S	F, T	60	22
Lollipop	klein, gelb	K	G	75	
Longkeeper	groß, breit, rosa	K	G	80	
Maritza Rose	mittelgroß, rund, rosa	K	G	75	30
Marmande	groß, unregelmäßig, rot	K	G	80	
Marmande Jaune	flach, gelb	K	G	75	24
Marzano Gigante	länglich, rot	K	G	85	23
Micro Gemma	Mikro-Tomate, gelb	S	T	45	
Micro Tina	Mikro-Tomate, gelb	S	T	45	
Micro Tom	Mikro-Tomate, rot, rund	S	T	40	
Millefleur	klein, gelb	K	G	80	27
Möhrenlaubige Tomate	flach, breit, rot	S	F, T	60	35
Mom's	extra groß, breit, gerippt mehrfarbig	K	G	90	33
Moneymaker	mittelgroß, rund, rot	K	G	75	
Napoli Pasta	länglich, rot	K	G	80	23
Northern Lights	groß, breit, mehrfarbig	K	G	75	33
Nyagous	groß, rund, schwarz	K	G	80	
Old Ivory Egg	mittelgroß, länglich, cremeweiß	K	G	80	
Old Yellow Candystriped	breit, gelb	K	G	85	24
Oliventomate	klein, oval, rot	K, S	F	65	26
Opalka	mittelgroß, spitz, rot Pastatomate	K	G	85	
Orange Banana	länglich, orange	K	G	75	25
Orange King	flach, groß, orange	K	G	80	25
Orange Strawberry	groß, breit, orange	K	G	85	
Outdoor Girl	klein, rund, rot	S	F	60	
Oxheart	herzförmig, groß, rosa	K	G	90	30
Pêche de Vilmorin Rose	mittelgroß, rund, rosa	K	G	75	
Pineapple	extra groß, breit, mehrfarbig	K	G	90	32
Pink Accordion	groß, stark gerippt, rosa	K	G	90	
Pink Brandywine	groß, rund, rosa	K	G	85	30
Pink June	mittelgroß, rund, rosa	K	G	70	30
Pink Ping Pong	klein, rund, zartrosa	K	G	75	
Pink Pondorosa	groß, rund, rosa	K	G	85	
Pixie Striped	klein, rund, gestreift	S	T	60	34
Podland Pink	klein, oval, rosa	K	G	75	30
Poma Amoris	mittelgroß, rund, weiß	K	G	70	29
Minora Lutea Prairie Fire	rund, mittelgroß, rot	S	F	55	

Tomaten von 'Principe Borghese' bis 'Zapotec'

150 Tomaten, alphabetisch sortiert, mit der Angabe von Farbe und Form, Wuchsform: Strauch oder Kletterpflanze, Aufzucht: Freiland, Gewächshaus und/oder Topf, Anzahl der Tage zwischen Blüte und Frucht und die Seite, auf der man die Abbildung findet.

Sorte	Form und Farbe	Strauch/Kletterpflanze	Freiland/Gewächshaus/Topf	Tage zwischen Blüte und Frucht	abgebildet auf Seite
Principe Borghese	mittelgroß, oval, rot, zum Trocknen geeignet	S	G	75	
Pruden's Purple	groß, breit, rosa	K	G	70	
Purple Calabash	breit, flach, gerippt, violett	K	G	85	
Red Alert	klein, rot, oval	S	F	55	
Red Currant	sehr klein, rot	S	G	75	26
Red Fig	mittelgroß, birnenförmig, rot	K	G	75	
Red Zebra	mittelgroß, rund, gestreift	K	G	75	34
Repreco Paste	länglich, rot	K	G	70	23
Rocket	mittelgroß, rund, rot	S	G, T	65	35
Roma	länglich, rot	S	F	80	23
Roman Candle	länglich, gelb	K	G	75	
Rose de Berne	quadratisch, mittelgroß, rosa	K	G	80	
Rose Japonaise	mittelgroß, rund, rosa	K	G	75	
Rotes Birnchen	klein, birnenförmig, rot	K	G, T	75	35
San Marzano	mittelgroß, länglich, rot, Pastatomate	S	G	75	
Sausage	länglich, rot	K	G	75	
Savignac	mittelgroß, rund, rosa	K	G	80	30
Scotia	rund, mittelgroß, rot	S	F	55	
Siberian	mittelgroß, breit, groß	S	F, T	55	35
Siberian Golden	orange-gelb, breit	S	F	70	24
Snowwhite Cherry	klein, weiß	K	G	75	29
Sol Gold	mittelgroß, gelb	S	F	50	
Southern Night	groß, breit, schwarz	K	G	85	
St Pierre	groß, rund, rot	K	G	85	
Stakeless	breit, groß, rot	S	G	75	35
Stoke's Green	mittelgroß, rund, grün	K	G	80	
Striped Pepper	mittelgroß, quadratisch, mehrfarbig	K	G	85	31
Striped Roma	länglich, gestreift	K	G	75	34
Super Snowwhite	mittelgroß, rund, weiß	K	G	75	29
Sweet Yellow	klein, gelb	S	T	60	26
Taxi	klein, rund, gelb	S	F	55	
Thompson Grape	mittelgroß, rund, grün	K	G	80	22
Tigerella	rund, gestreift	K	G, F	75	
Tiny Tiger	klein, rund, gestreift	S	T	55	34
Tiny Tim	klein, rund, rot	S	T	60	
Travel	unregelmäßig gefaltet, rot	K	G	75	
Ukraine Pear	groß, birnenförmig, rosa	K	G	80	
Valencia	mittelgroß, orange	K	G	75	
Violaceum Krypni-rozo	teif eingeschnitten, groß, tiefrosa	K	G	85	
Washington Cherry	klein, rund, rot	S	F	50	
White Beauty	groß, breit, weiß	K	G	85	29
White Cherry	klein, rund, weiß	K	G	75	
White Queen	groß, breit, weiß	K	G	85	
Wonderlight	zitronenförmig, gelb	K	G	75	
Yellow Brandywine	groß, breit, gelb	K	G	90	
Yellow Currant	sehr klein, gelb	K, S	G	75	26
Yellow Pigmee	klein, gelb	S	T	60	
Yellow Stuffing	groß, quadratisch, gelb	K	G	85	31
Zapotec	groß, gerippt, rosa	K	G	90	31

Paprika von 'Aci Sivri' bis 'Medusa'

100 Paprika, alphabetisch sortiert, mit der Angabe von süß, mild, würzig oder scharf, Fruchtform und Farbe, Aufzucht: Freiland, Gewächshaus und/oder Topf, Anzahl der Tage zwischen Blüte (Auspflanzen) und Frucht und die Seite, auf der man die Abbildung findet.

Sorte	süß/mild/würzig/feurig	Form und Farbe	Freiland/Gewächshaus/Topf	Tage zwischen Blüte und Frucht	abgebildet auf Seite
Aci Sivri	W	länglich, rot	G	90	51
Aji Amarillo	W	klein, spitz, gelb	G	95	
Aji Cristal	F	mittelgroß, vielfarbig	G	95	52
Asi Colorado	F	mittelgroß, länglich, rot	G	100	
Aurora	F	mini, rot-violett-grün	T	90	
Balloon	F	grün-rote kleine Lampions	G	90	49
Beaver Dam	M	groß, spitz, rot	F	70	52
Black Hungarian	W	klein, oval, schwarz	T	75	53
Bolivian Rainbow	F	farbenfroh, klein	T	80	51
Bulgarian Carrot	F	orange „Möhrchen“	G	70	49
Candlelight	W	klein, spitz, rot	T	95	54
Caribbean Red	F	klein, rot, Lampion	G	110	54
Charlestone Belle	S	quadratisch, rot	G	80	55
Chile de Arbol	F	klein, spitz, rot	G	80	49
Chiltepin	F	erbsengroß, rot	G	95	55
Chinese Giant	S	groß, rot, quadratisch	F	75	49
Congo Trinidad	F	rot, mini, quadratisch	G	80	
Corno di Toro	S	groß, spitz, gelb und rot	G	70	
Criolla Sella	W	länglich, klein, orange	G	80	53
Cyklon	M	mittelgroß, spitz, rot	G	85	54
Earliest Red	S	quadratisch, rot	F	60	55
Fatalii	F	klein, spitz, rot	G	80	
Filius Blue	F	klein, violett-rot abreifend	T, G	90	49
Fish	W	klein, länglich, gestreift	T, G	75	50
Fresno	W	mittelgroß, oval, rot	G	80	51
Garden Sunshine	S	orange, Blockfrüchte	G	85	49
Georgia Flame	M	länglich, mittelgroß, rot	G	85	49
Giant Aconcagua	S	groß, quadratisch, rot	F	70	48
Giant Gszegedi	S	groß, quadratisch, bunt	F	75	54
Golden Greek	M	mittelgroß, lang, rot	G	65	54
Golden Marconi	S	groß, lang, orange	G	90	51
Golden Treasure	S	länglich, breit, orange	G	85	53
Gourmet	S	quadratisch, rot	G	90	53
Healthy	S	vielfarbig, breit, spitz	F	65	51
Hot Portugal	F	groß, lang, rot	G	75	53
Hungarian Wax	M	spitz, mittelgroß, bunt	F	70	53
Jamaican Hot	F	länglich, fein, rot	G, T	95	53
Jamaican Hot Chocolate	F	klein, quadratisch, braun	G	85	51
Jamaican Hot Yellow	F	orange, pilzförmig	G	95	50
Jimmy's Nardelo	S	länglich, rot	G	80	48
Jingle Bells	S	mini, quadratisch, rot	T	65	54
King of the North	S	quadratisch, rot	G	65	
Largo Purple	F	klein, rund, violett-rot	G	90	50
Large Sweet Red Cherry	S	rund, dicke Murmeln	F	75	51
Lemon Drop	F	klein, spitz, gelbe Früchte	G	90	48
Little Elf	F	mini, gelb-rot	T	90	51
Long Red Slim Cayenne	F	mittellang, dünn, rot	T, F	75	53
Marbles	F	vielfarbig, klein, rund	T	80	50
Marconi Red	S	groß, lang, rot	G	95	50
Medusa	S	klein, gelb-rot, spitz	T	80	48

Paprika von ‘Mesilla’ bis ‘Yellow Mushroom’

100 Paprika, alphabetisch sortiert, mit der Angabe von süß, mild, würzig oder scharf, Fruchtform und Farbe, Aufzucht: Freiland, Gewächshaus und/oder Topf, Anzahl der Tage zwischen Blüte (Auspflanzen) und Frucht und die Seite, auf der man die Abbildung findet.

Sorte	süß/mild/würzig/feurig	Form und Farbe	Freiland/Gewächshaus/Topf	Tage zwischen Blüte und Frucht	abgebildet auf Seite
Mesilla	F	länglich, grün-rot	G	85	52
Mini Orange/Red/Chocolate Bell	S	mini, quadratisch, rot, gelb, braun	T	75	55
Mirasol	F	klein, spitz, rot	G	100	53
Mulato Isleno	F	mittel, quadratisch, grün-schwarz	G	90	50
Nippon Taka	F	klein, spitz, rot	T	90	
Nosegay	F	farbenfroh, kleine Murmeln	T	85	54
Numex Joe Parker	M	länglich, breit, rot	G	65	55
Numex Big Jim	M	spitz, mittelgroß, rot	G	80	53
Numex Sunflare	F	klein, rot, länglich	T	90	51
Numex Sunrise	W	länglich, orange	G	80	52
Numex Sunset	W	länglich, orange	G	85	50
Orange Bell	S	quadratisch, orange	G	85	
Orange Sun	S	quadratisch, orange	G	80	
Pasilla Bajo	M	länglich, dunkelgrün	G	90	54
Peruvian Purple	W	klein, schwarz, oval	G	90	55
Peter Pepper	F	klein, rot	G	90	54
Pimento L.	M	oval, spitz, rot	G	95	53
Pizza Pepper	S	mittel, oval, rot	G	80	52
Poblano L	W	mittelgroß, braun	G	75	52
Poinsetta	F	nadelfein, klein, rot	T	80	52
Pretty in Purple	F	klein, rund, violett-rot	T	80	52
Pretty Purple Pepper	F	klein, rund, violett	T	80	51
Purple Beauty	S	quadratisch, violett	G	70	51
Purple Jalapeño	W	violett, mittelgroß, oval	G	75	50
Purple Marconi	S	länglich, violett	G	90	53
Purple Serrano	W	länglich, violett	G	85	48
Quadrato Asti Giallo	M	quadratisch, gelb	G	80	51
Red Habañero	F	grün-rot, Lampions	G	90	50
Ring of Fire	F	klein, rot, spitz	F	75	54
Rio Grande	W	mittelgroß, rot	G	80	50
Riot	F	klein, fein, spitz, gelb-rot	T	65	55
Roumanian Rainbow	S	oval, mittelgroß, bunt	F	60	55
Santa Fe Grande	M	oval, mittelgroß, rot	G	75	53
Scotch Bonnet	F	klein, rot, Lampion	G	90	52
Serrano	W	mittelgroß, rot-grün	G	75	
Sheepnose	S	gedrungen, rund, rot	G	75	55
Slim Pim	S	klein, länglich, quadratisch	F	65	51
Sun Rich Orange	S	groß, quadratisch, orange	G	80	54
Super Red Pimento	S	gedrungen, quadratisch, rot	F	55	54
Sweet Banana	S	spitz, groß	F	72	48
Sweet Cayenne	S	länglich, fein, lang, rot	F	70	55
Sweet Chocolate	S	mittelgroß, oval, braun	G	65	
Sweet Pickle	S	kurz, stumpf, vielfarbig	T, G	75	49
Tabasco	F	mini, gelb-orange-rot	G	80	53
Tepin	F	sehr klein, grün-rot	G	90	49
Tequila Sunrise	W	orange, mittelgroß	G	90	48
Thai Hot	F	länglich, klein, rot	T	90	
Tri-Fetti	F	klein, schwarz-rot	T	75	53
Yellow Cayenne	F	gelb, länglich	G	85	49
Yellow/Red Mushroom	F	rot und orange, pilzförmig	G	80	51

Auberginen von ‘Antigua’ bis ‘Zebra’

50 verschiedene Auberginen, alphabetisch sortiert, Farbe und Fruchtform, Hybride, Anzahl der Tage zwischen Blüte und Frucht, Aufzucht: Freiland, Gewächshaus und/oder Topf, und die Seite, auf der man die Abbildung/Beschreibung findet.

Sorte	Form und Farbe	Hybride	Tage zwischen Blüte und Frucht	Freiland/Gewächshaus/Topf	abgebildet auf Seite
Antigua	oval, weiß mit violetten Streifen		75	G	72
Applegreen	eiförmig, hellgrün		60	F	71
Bambino	klein, oval, schwarz	H	55	T	
Billionaire	lang, violett		60	F	
Black Beauty	breit, tiefviolett		80	G,T	72
Blue Devil	länglich, violett		75	G	74
Bride	länglich, weiß	H	65	G	75
Casper	länglich, weiß		70	F, T	71
Cloud Nine	oval, weiß	H	75	G	
De Barbentane	lang, violett		70	F	
Diamond	oval, dunkelviolett		65	G	72
Dourga	oval, weiß		65	G	
Dusky	oval, violett	H	65	G	
Early Black Egg	schwarz, birnenförmig		70	F, T	71
Florida High Bush	klassisch, violett		80	G	
Gbogname	klein, rund, grün		80	G	73
Green Goddess	länglich, grün	H	68	G	75
Ichiban	lang, violett	H	65	F	
Jade Sweet	grün, breit		80	G, T	73
Kermit	klein, grün-weiß marmoriert	H	60	G, T	73
Lao White	klein, weiß		80	G, T	73
Lavender Touch	oval, zartrosa	H	70	G	74
Listada de Gandia	oval, violett-weiß gestreift		80	G	
Little Fingers	klein, länglich, schwarz		68	F, T	70
Long Purple	lang, violett		70	G	
Louisiana Long Green	länglich, hellgrün		90	G	
Morden Midget	oval, tiefviolett		60	F, T	71
N’Drowa Issia	breit, gerippt, orange		60	G, T	73
Nadia	oval, weiß	H	70	G	
Neon	oval, fluoreszierend violett	H	65	G	
Orient Express	länglich, violett	H	70	G	75
Pandora Striped Rose	klein, weiß-violett gestreift		75	G	
Ping Tung Long	länglich, weiß-lila		65	G, T	70
Prosperosa	rund, dunkelviolett		73	G	
Rosa Bianca	oval, weiß mit rosa		75	G	72
Rosita	oval, fluoreszierend violett		75	G, T	74
Round Mauve	rund, zartrosa		70	T	
Short Tom	klein, lang, schwarze Frucht	H	75	T	
Slim Jim	lang, klein, violett		75	T	
Snowy	oval, weiß		60	G	
Thai Green	länglich, grün		70	G, T	70
Turkish Orange	rund, klein, orange		75	F	74
Udumalapet	oval, violett-weiß gestreift		80	G	
Violetta di Firenze	oval, rosa mit weißen Streifen		97	G	
Violetta Lunga	oval, violett		65	G	
Violetta Tonda	rund, dunkelviolett		75	G	
Vittoria	lang, tiefviolett	H	60	G	
White Beauty	breit, weiß		70	G	
White Egg	klein, weiß, rund		75	T	70
Zebra	weiß-violett gestreift		70	G	75

Landwirtschaftsverlag GmbH, 48084 Münster

Originaltitel: Tomaten, Pepers & Aubergines
www.terralannoo.com

Text und Fotos:	Peter Bauwens
Zeichnungen:	Seiten 14, 64, 65 aus Vilmorin-Andrieux, London 1885; Seiten 12, 43 und 62 aus Cruydtboek, Rembert Dodoens, Ausgabe 1618, Leiden
Übersetzung:	Dorothea Raspe, Münster
Korrektorat:	Mechthild Ragg M.A., Münster
Gestaltung:	Repro Design, Zutphen
Druck:	Vivapress, Barcelona

ISBN 978-3-7843-3453-0